度小月系列

關於度小月⋯⋯⋯⋯⋯⋯

　　在台灣古早時期，中南部下港地區的漁民，每逢黑潮退去，漁獲量不佳收入艱困時，為維持生計，便暫時在自家的屋簷下，賣起擔仔麵及其他簡單的小吃，設法自立救濟渡過淡季。

　　此後，這種謀生的方式，便廣為流傳稱之為『度小月』。

小吃拼圖

路邊攤 賺大錢 money 9

【加盟篇】

目錄

推薦序

王友嘉

麥味登速食餐飲加盟連鎖副總經理

從事加盟連鎖工作十多年來，看到許多創業者抱著滿腔熱血投入自行創業的市場。這些創業者有的歡喜收割豐盛的果實，也有的創業者因為選擇「流行性」的行業而暴起暴落，最後失敗收場。心中常有種感觸「為何不少媒體，都只願意報導一些熱門但不一定長久的流行行業，或者僅對那些光鮮亮麗的高投資行業投以關愛眼神，卻鮮少對長久而穩定經營的小本行業多加著墨」。此次欣見大都會文化有心對適合長久經營且獲利穩健的小吃加盟做一探討，希望藉由這本書可以幫助那些有心創業的朋友們，了解加盟小本經營的餐飲業現況，進而降低他們創業的風險。

以早餐經營為例，早餐的經營型態很多，從最簡單的早餐車、小本投資的西式早餐店，乃至大型投資的麥當勞、7-Eleven也都在賣早餐，處處可見賣早餐的身影。許多朋友經常問我「早餐店那麼多，還能再開嗎？」我很喜歡反問一句「你覺得便利商店為什麼愈來愈多，但生意也愈來愈好呢？」其實我想表達的是，選擇創業的行業時，首先要考量的重點是「這個行業是流行

還是趨勢」。流行的行業長則二、三年，短則半年。趨勢的行業，市場愈來愈大，儘管投入者眾多，但因為市場一直擴大，投入者只要用心經營，多能夠獲得成功。早餐業正符合這樣一個特性，因為隨著時代的進步，外食人口一直在增加，試問現在有多少家庭是自行在準備早餐的？現在年青的一輩未來自己煮早餐的機會有多少？我想答案是很明顯的。再加上國人西化的飲食習慣愈來愈強，早餐業的未來發展也就普遍受到肯定。

同樣的，有些小吃的加盟連鎖也具有相同的特性，也就是投資金額不高，但是獲利穩定，而且具有長久性。這些年來，最令人感到高興的莫過於看到許多加盟主，因為投資小吃行業而使生活獲得改善，不僅因為他們找到了一份可以長久經營的事業，更重要的是，小吃加盟也對這個社會盡了一份責任，特別是在這個經濟不景氣的時代。

王有嘉先生從事加盟連鎖行業10餘年，包括便利商店、企管顧問、飯店等行業，現任職於麥味登西式早餐與三言兩語咖啡連鎖體系，全省店數已達1400家。

加盟是創業的捷徑

　　藉著這次出書的機會，深入的採訪到幾位不同業態的小吃加盟主，最讓我感到興趣的是這些加盟主當初創業的原因，以及初入行時所遭遇到的困難。關於前者幾乎是無一倖免，大部分的原因都是因為經濟不景氣，只是有的是遇上公司裁員，有的是公務員趁著優退機會退休，有的則是工作一直不穩定，因此才會想到自己創業。

　　有趣的是會選擇加盟的加盟主大多是沒有餐飲經驗的人，否則可能他們會選擇自己開店。正是因為餐飲經驗不足，加盟給了很多完全沒有經驗的外行人轉行的好機會，幾乎是所有在技術和設備上的問題，加盟總店都可以幫加盟主解決，因此只要選對了加盟，可以說在技術上並沒有太多可以擔憂的地方，成本方面則除了租金、人事需要控制，食材的成本，因大都是由總公司的中央廚房進貨，因此進價和貨源都很穩定，只要依經驗控制好每次進貨的量，其餘大概要操心的事情也不多。

　　但是餐飲業除了製作上的技術問題，服務也是一個重點，很多加盟主過去都是坐辦公桌的上班族，突然要和一推客人做最近距離的接觸，的確是件蠻「恐怖」的事，因此這點也幾乎是所有加盟主都會分享到的「難忘經驗」，不過顯然他們也都調適的很快，因此客人才會愈來愈多，在受訪的店家中，也觀察到幾乎是

大部分的小吃店都有一批死忠的熟客，這些客人相對的為店家帶來穩定的生意。

訪問中最大的發現是，成功的秘密往往不在技術上的專業，或是食物的美味，而是想要成功的態度，就像找工作一樣，做生意也要找一個自己喜歡的事業才能做的長久，擅長做家事的家庭主婦，之所以會選擇賣滷味；年輕漂亮的老闆，之所以會喜歡賣咖啡；個性活潑的老闆，之所以會選擇每天喚醒每個人的早餐店，其中似乎有個說不出的道理，彷彿老闆就應該是從事這個行業的，就是因為喜歡，所以會主動注意每位客人、每盤端出去的食物和每個工作流程。

加盟小吃店，由於創業資金並不太高，是個可及的夢想，但如果想要靠加盟小吃店賺很多錢，卻也是並不容易，調查顯示每日營業額在一萬元左右的小吃店已經是表現不錯的，但營業額顯然還需扣掉食物、人事和租金等成本，這點絕對是加盟小吃店時需要有的心理準備，否則可能會因收穫不如期望而無法繼續。

總之，想年紀輕輕就有自己的事業，加盟小吃確實是一個不錯的管道，但是卻不是不需要用心選擇，更不是不需要努力，事實上大部分的加盟主都表示，工作絕對較從前辛苦，只是事業是自己的，感覺就是不一樣！

經濟不景氣，希望這本小書能提供給想要自己創業的人一個通往夢想的捷徑。

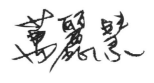

弘爺漢堡

紅綠標誌很醒目
中西餐點營養足
大人小孩都愛吃
新品研發有撇步

DATA

老闆：沈碧蓮
店齡：2年多
創業基金：約30萬
人氣商品：里肌嚕匯三明治
　　　　　（50元/份）
每月營業額：約40萬元
每月淨利：約22萬元
營業時間：4:00～15:00
店址：台北市農專路三段99巷12弄1號
電話：02-2633-4741

美味評比	★★★★☆
人氣評比	★★★★☆
服務評比	★★★★☆
便宜評比	★★★★☆
食材評比	★★★★☆
地點評比	★★★☆☆
名氣評比	★★★☆☆
衛生評比	★★★★☆

弘爺漢堡

弘爺漢堡對北部的客人似乎是比較陌生的，原來「弘爺」的總公司位在台中，到台北發展加盟事業不過是近三年的事情。目前「弘爺」在全台的加盟店已經有557家，其中大部分是在台中，但台北也已經有一百多家。

當然「弘爺」的早餐店讓消費者感到陌生的主要原因，是因為它的名字沒有一般早餐店的「美」字，以及麥當勞的紅、橘色系，取而代之的是與7-eleven類似的紅配綠企業識別系列，但這也是「弘爺」特意經營的成果。

相較於很多早餐店業者，弘爺漢堡並沒有物流業或是食品業的背景，因此總店希望盡速擴張加盟店數，以節省日後的物流或是物

位在轉角處，加上鮮明的招牌，很容易吸引到顧客的注意。

料費用。「弘爺」希望來加盟的店主，會是一個認同「弘爺」，真正想經營早餐店的人。因此，「弘爺」雖然創立已有13年之久，但仍不急著迅速擴展加盟店數，且在同業多半不再收加盟金的情況下，「弘爺」仍堅持自己的原則。果然在眾多的早餐店中，「弘爺」仍保有著不一樣的特色。

心路歷程

沒經營早餐店前，老闆沈小姐是在市政府工作了15年的標準公務員，工作內容完全是內勤性質，不需面對外人。會在退休後選擇經營早餐店，其實是意外，也不是意外。不意外的是，由於沈小姐的個性外向，喜歡和人接觸，很早就決定退休後要作個小生意；意外的則是，沈小姐原本的想法是去做便當生意，但是在一次和朋友討論的機會中，有人談起早餐店的建議，又巧逢一次到南部出遊的機會，她突然看到「弘爺漢堡」類似7-elevn色系的醒目招牌，一看就喜歡，於是立刻將電話抄下，回台北就和弘爺的總部連絡上，並

開店沒有不辛苦的，只要有興趣又肯做，就會成功。

在沒有和同業比較參考的情況下立刻決定加盟。沈小姐表示，「弘爺」的設計她就是喜歡，當然她也知道有些老字號的早餐店名氣很響亮，客源也會比較多，但是她的個性原本就喜歡接受比較新的事物，也因此她的弘爺早餐店就開張了。

沈小姐的個性讓她在經營早餐店上幾乎是如魚得水，真的要說有什麼困難，就是剛開幕時比較會擔心沒有客人。此外員工的管理及招募也不容易，加上動作又慢，她記得剛開店時一份早餐就要讓客人等個五分鐘，現在兩分鐘就夠了。總之，開店沒有不辛苦的，所以興趣很重要。

經營狀況

 命名

向「美」字說再見，獨樹一格最醒目。

「弘爺漢堡」這個早餐店的名字，在早餐店一片「美」字開頭的風氣中，還真是獨樹一格。問到命名的原因，原來最初「弘爺」

是從台中起家，初期的名字是用
「美堡寶」，但因為沒有事先註冊，
讓別的商家搶先去註冊下來，以致
公司無法繼續使用原來的名字。又因為
各地的業務已經開始工作，急需要一個具代表
性的註冊商標，剛好這時老闆有一位經營食品業的朋友有一個現成
的註冊名號「弘爺」，於是「弘爺」就成了這個加盟早餐店的名
字。沒想到這個當初為了救急而使用的名字，倒讓「弘爺」在早餐
店中顯得十分特別，再加上「弘爺」特意將店裡的色系與其他早餐
店慣用類似麥當勞的紅、黃系列區隔開來，採用綠色和紅色的明亮
色彩，更讓「弘爺」的早餐店透露著不一樣的氣氛。

 ## 地 點

在住家附近，又位在轉角，二話不說馬上租下
來。

　　老闆沈小姐的家其實就在巷口，當初要在附近找店面時，她倒
沒有刻意要選在學校旁邊，只是發現這附近停放的機車很多，大樓
內也似乎住滿了人，心想這附近的人應該是不少，再加上店面位在
轉角處，兩邊臨路的感覺讓沈小姐打心裡喜歡，她心想這個位在轉
角的店面，配上「弘爺」的裝潢，一定是好看的不得了，於是就在
這種歡喜心的驅使下，她毫不考慮地就租下了這家店。由於地點離

家近，即使冬天出門也不會太掙扎，反正5分鐘到店以後就立刻忙的不得了，現在這也成了一個很大的好處。

租金

喜歡最重要，爽快付租金。

沈小姐的店面約有12坪，據說房東原本只打算租2萬5千元，但是由於沈小姐一看到這間位於邊間的店面就喜歡的不得了，因此連殺價都覺得費事，立刻開出3萬元的租金價格，搶租下這家夢想中的金店面。坦白說實在有點非理性，但顯然這和老闆明快的個性很有關係。

店內人手雖然不多，但老闆娘沈小姐熟練的手法與親切的服務，卻彌補了這方面不足。

硬體設備

基本設備齊備，其他日後慢慢添加。

開店時的硬體設備，主要是整個工作檯，以及烤麵包機、保溫桶、鐵板煎檯、保溫桶、飲料機、封杯機、冰箱、燈箱價目表等基本設備，但如果為了作業的方便想增添更多設備，就需由加盟主另外付費。

弘爺漢堡

度小月系列9

加盟篇

Money

17

開業後，隨著店裡營業額的日漸增加，店主沈小姐為了節省煮咖啡的時間，又花了12萬元買了一台義大利咖啡研磨機，只要一按鈕就可做出冷、熱咖啡，另外又買了一台7萬元的製冰機。當然這些設備都可以隨著開店以後營業額的增加，而漸漸添購。

食材

品項繁多，但處理簡易。

早餐店所需要的食材，可說是琳琅滿目，麵包類有吐司，吐司又分去邊的和沒去邊的兩種，還有漢堡及可頌堡，夾餡又有漢堡肉、火腿、培根、里肌排、熱狗、鮪魚、燻雞、肉鬆等肉類製品，及巧克力、花生、草莓等不同口味的果醬。飲料類又分豆漿、紅茶、奶茶、果汁、薏仁漿和玉米濃湯等。醬料則有沙拉醬、千島醬、蕃茄醬可選擇，可謂品項繁多，但大多都不需再做處理，最多是稀釋或是解凍的工作，加盟主只需依序排放和儲存物料即可。

成本控制

要有自己人顧店，設備可視營業狀況添加。

食材大多是向公司進貨，只有少許青菜類，如萵苣、小黃瓜、番茄等是去附近的市場採購，因此成本也很固定。在人事成本上，

建議最好有2位自己的人在店裡幫忙，顛峰時間再增加人手，目前早餐店的人力確實比較不好找，因為年輕人都不願意早起，但是沈小姐也不願意都找一些年紀太大的人，因為她認為早餐店還是應該要有些年輕的朝氣。至於，硬體設備的投資，最初只要具備基礎設備即可，但隨著營業額的增加，就可以考慮增添一些設備。像是她買的義大利咖啡研磨機，雖然價值十多萬感覺有點貴，但確實為她省下了很多煮咖啡的時間，而且也吸引許多愛喝咖啡的客人。

 ## 口味特色

從傳統到新式早餐，這裡通通有。

早餐要吃的飽、吃的好，那就一定要嚐嚐里肌總匯三明治，四片土司、三層夾心，食量小一點的女孩子根本吃不完，卻是大家公認的美味。而除了三明治，蛋餅系列仍是中國人的最愛，店內提供有鮪魚、起司、玉米、培根、肉鬆、香雞、里肌、豬排、牛排、蔬菜等口味的蛋餅，客人可隨每日心情做不同的選擇，而除了早餐店中常見的三明治、蛋餅、漢堡，還有特別的可頌堡，無論外觀和口味都很吸引人。飲料部分有中式的豆漿、西式的咖啡、奶茶、紅

茶，還有果汁、玉米濃湯、綠豆牛奶可以選擇，幾乎是你想吃的都一應俱全。

客層調查

早餐店成了社區情報站，上班族客人也不少。

老闆沈小姐極強的親和力，讓這家小小的早餐店，幾乎變成了社區居民的情報交換站。例如適逢選舉日時誰去監票、誰的媽媽出國去玩，沈小姐似乎比誰都清楚。放學後的小孩，也很自然的來店裡走走，或吃些小東西，這裡儼然成為社區的安親班，是個讓父母可以放心的地方。除了社區的居民，店裡大部分的客人就是附近的上班族，像是東森購物台的員工和附近辦公大樓的上班族就經常過來買早餐或是午餐、下午茶。

未來計畫

有機會並不排斥再開一家早餐店。

有機會的話，沈小姐並不排斥開第二家店，當然也一定是相同性質的早餐店，因為畢竟自己經營早餐店已經很有經驗，知道哪些地方應該注意，哪些錯誤應該避免。而且做生意也做出心得，因此會想再開店，但並不會考慮做其他不同形態的生意。

創業數據一覽表

項　　目	說　　明	備　　註
創業年數	2年多	
創業基金	300,000元	
坪數	12多坪	
租金	30,000元	
座位數	15位	
人手數目	5人	
每日營業時數	12小時	
每月營業天數	30～31天	
公休日	無	
平均每日來客數	300人	
平均每日營業額	13,500元	
平均每日營業成本	5,000元	
平均每日淨利	8,500元	
平均每月來客數	9,000人	
平均每月營業額	405,000元	
平均每月進貨成本	150,000元	
平均每月淨利	225,000元	

★以上營業數據由店家提供，經專家粗略估算後整理而成。

弘爺漢堡

成功有撇步

　　沈小姐表示管人是最難的，像她的早餐店不過4個人，再加上她自己，5個人就有5種不同的個性，有時候發現員工心情不好就要加以安慰，畢竟沒有他們的幫忙自己也做不起生意，而有時候發現工作人員對客人的態度不佳，就要立刻到旁邊打圓場，事後再向員工建議改進。而為了增加工作的效率，在合理的預算範圍之內購買一些方便的設備是值得的。

★ ★ ★ ★ ★ 加盟條件 ★ ★ ★ ★ ★

創業準備金	30萬元	
保證金	無	
加盟權利金	5萬元	
技術轉讓金	無	
生財器具裝備	25萬元	包括裝潢費
拆帳方式	無	
月營業額	30萬元～40萬元	
回本期	3～6年	
加盟熱線	0800-068-118	
網址	無	

里肌總匯三明治 做法大公開

作法大公開

★**材料**（以下的數字係店家每次進貨的基本數量）

項　目	所 需 份 量	價　格
土司	1條	30元
沙拉醬	1盒	180元
蕃茄	1斤	市價
高麗菜	1顆	市價
玉米	1桶（2公斤）	130元
小黃瓜	1斤	20元～30元
千島醬	1包	100元
里肌肉	1包（20片）	150元
蛋	1顆	市價
火腿	1包	145元

★製作方式

1　鐵板煎檯先預熱，加適量油在鐵板上。

2　將黑胡椒口味的里肌肉、蛋、火腿，置於鐵板上煎熟。

3　將四片土司置於烤麵包機上烤，要不要去邊端看個人喜好。

4 將烤好的四片土司塗上微甜的沙拉醬，在家裡可用蕃茄醬或者市售的沙拉醬代替。

5 在第一層土司上置入高麗菜絲、里肌肉，再淋上一點蕃茄醬或者千島醬。

6 在第二層土司上加蛋、玉米和蕃茄。

7 在第三層土司上加入小黃瓜絲、火腿，並灑上少許胡椒粉。

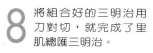

8 將組合好的三明治用
刀對切，就完成了里
肌總匯三明治。

9 剛做好的里肌總匯三
明治，再搭配上飲
料，就成為可口又營
養的早餐。

度小月

獨家秘方

通常總匯三明治要好吃，土司就要盡量烤的酥一點，但是也有的客人就是不喜歡吃烤過的土司，所以好不好吃還是要看客人口味做調整。而店裡的里肌肉，在中央廚房送來前就經過獨家的醬料醃製，有濃濃的黑胡椒味，吃起來很過癮。如果要在自己家裡製作，也要先對里肌肉做些處理，一般是要醃製1至2個小時才能入味，可先用黑胡椒醬料醃製里肌肉數個鐘頭，這樣肉會比較入味。

美味見證

王凱智 9歲 學生

幾乎每週都會來這裡用餐，最喜歡吃的是蛋餅、熱狗和蘿蔔糕，雖然這附近別家早餐店也有賣相同的食物，但是還是覺得沈阿姨做的比較好吃。

在家DIY小技巧

所謂總匯三明治，就是將好吃的餡料，一層層的加入烤過的土司上，並不一定要嚴格的要求要放些什麼，只要是自己喜歡的都可以往上放。愛美的女士可以不加千島醬、沙拉醬，而選擇多放一些時令的新鮮水果，總匯三明治會讓你一口吃下所有的美味與營養。

報馬仔

公司名稱	弘爺國際企業股份有限公司 （2003年3月更名）
成立時間	民國78年
公司地址	台北縣三重市光復路二段42巷 39號
負責人	許倉賓
資本額	2800萬元
加盟金	5萬元
全省每月營業額	不便透露
保證金	30萬元以上
加盟店數	全省557家
加盟專線	0800-068-118
產品系列	各式漢堡、三明治、蛋餅、包子、 咖啡、紅茶、奶茶、果汁
加盟條件	1. 店面5坪以上或委由總部代尋 2. 2~3位門市人員 3. 教育訓練12天 4. 合約3年
聯絡電話	0800-068-118
網站	www.hongya88.com.tw
電子信箱	hongya88@ms67.hinet.net

日船章魚小丸子

東瀛來台章魚燒
造型可愛又有料
外酥內軟口感佳
客人吃了都叫好

DATA

老闆：莫松宏
店齡：3年（士林店）
創業基金：約13萬5千
人氣商品：章魚小丸子（35元/份）
每月營業額：約80萬元
每月淨利：約50萬元
營業時間：平日16:00～凌晨1:30
　　　　　假日15:00～凌晨2:00
店址：台北市士林區文林路101巷4號
電話：無

美味評比	★★★☆☆
人氣評比	★★★★☆
服務評比	★★★★☆
便宜評比	★★★☆☆
食材評比	★★★★☆
地點評比	★★★★☆
名氣評比	★★★★☆
衛生評比	★★★☆☆

日船小丸子　陽明戲院
大東路
中山北路五段
捷運劍潭站

從章魚小丸子攤檯的設計，就可以感覺到那一股濃濃的日本味。藍色的店招、日本料理店的字型，還有一個東洋味十足

藍色的鮮明招牌，在夜市裡給人耳目一新的感覺。

的名字「日船」，沒錯，章魚小丸子就是從日本「坐船」渡海來台的。

姑且不論店的外觀，光是站在攤位旁看著老闆把一個一個的章魚小丸子製成的過程，就讓人覺得非常新奇有趣。雖然章魚

小丸子的製作也和常見的雞蛋糕或是紅豆餅一樣，都是使用模具製成，但是由於章魚小丸子內的材料豐富，因此製作過程也就有趣的多，隨著每個步驟加進不同的食材，過程很是好玩。而據說在日本坊間就可以買到製作章魚小丸子的模具煎板，因此隨時可以自己在家製作可愛又好吃的章魚小丸子！

士林這家章魚小丸子店，算是營業額和規模都很具代表性的一家分店，如果你對章魚小丸子也感到好奇，不妨來看一看、嚐一嚐，也許你也會喜歡上來自日本的這顆小丸子！

心路歷程

這位士林店的店長蔡先生，在從事章魚小丸子生意之前，曾經做過很多職業，包括美髮、油漆工、水電工……以及很多數不清的工作，但都是受僱於人，而不是自己的事業。

> 做吃的衛生最重要，我每天收攤前都會把工作檯清理乾淨，讓客人可以吃的放心。

蔡老闆之所以會加入章魚小丸子的行列，其實是在一個偶然的機會，一位朋友買了章魚小丸子請他吃，他看到包裝章魚小丸子的船型紙盒，覺得非常別緻，日後就特別留意在夜市賣章魚丸子的店家，從而對章魚

小丸子產生了興趣，並主動和總部聯絡，表明了想加盟的意願。

最初店是開在高雄，一年後北上台北，原本是開在西門町，但在一年後，因西門町開闢徒步區後，不能再擺攤子，只得另外找尋地點，於是才來到士林夜市現在的位置。

加入章魚小丸子後，蔡老闆表示工作比從前累很多，剛開業時也擔心沒有客人，但由於是自己的事業，因此不以爲苦。問蔡老闆有無經營上的小技巧，他謙遜的表示只要地點好，和保持對客人基本的禮貌就沒問題了。當然，做吃的一定要注意衛生，因此他每天收攤前一定會將工作檯仔仔細細的清理過，讓工作檯看來光亮如新。只要做到這兩樣，賺錢就這麼簡單。

經營狀況

命名

日本來台口味，船型包裝專利。

章魚小丸子原本是從日本傳來，在日本已經有六十幾年的歷史，又名「章魚燒」。約在二十年前，這種小吃曾經風靡整個日本，當時在日本幾乎到處都可吃到章魚燒。

鑒於日本的經驗，日船章魚
小丸子的老闆從日本引進了這項對
台灣人而言尚稱新奇的食品。因為章魚小
丸子來自日本，公司想以船型的特殊紙盒設計來
包裝它，於是將它正式命名為「日船章魚小丸子」。

地點

以夜市或是學生聚集的地方最佳。

對章魚小丸子這樣的產品來說，最適合的地方就是夜市和學生
聚集之處。就以士林夜市來說，既是知名夜市，腹地又大，附近的
大專院校也多，算是很好的設攤地點，營業金額的確高出其他地區
許多。其他像是淡水夜市、饒河街夜市，也都是很好的地點。目前
加盟章魚小丸子的店家，地點較差的每月營業額仍可達到十萬元左
右，好一點的地點則可達到三十至五十萬元的業績。

租金

黃金地段，租金八萬。

好的地段，人潮洶湧商機無限，租金自然也就比較高。像是店
家所在的士林夜市，原本是知名的觀光夜市，加上夜市的範圍又

大，店家又位於陽明戲院旁最熱鬧的小巷口，自然租金不會太低，在不到三坪的店面，每月租金竟高達八萬元，但相對的每月五十萬元的營業額也頗令人滿意。因此，租金和營業額間的確必須要有所取捨，老闆建議應該將租金成本控制在營業額的三成以下。

硬體設備

十萬五千元幫你弄到好。

在創業金中，除了加盟金三萬外，其餘都是生財設備的費用。公司會提供爐具、鐵煎盤、漏斗鐵壺，並代購十萬五千元的器材，包括攤檯、看板、日式屋頂、行動冰箱、電鑽、打蛋器、白鐵筒子、布條、雜細五金工具等，還有主要的技術傳授和營業方針的輔導，並保障加盟主的營業區域範圍。

加盟的好處是所有的生財設備一應俱全。

食 材

食材成本約佔三成，且不易浪費。

每盒定價35元的章魚小丸子，光是材料成本就要11元左右，約佔三成，製作章魚燒所需的材料包括麵粉、蛋、洋蔥、章魚、高麗菜、日本紅薑、麵包屑、美乃滋、柴魚及其他醬料，林林總總共有十多種，均可長時間保存。即使是章魚或是高麗菜，因有冷藏保存，在一到兩星期內仍然可保新鮮，因此在材料的控制上比較不會有浪費的情況發生。這些材料如果是在市面上能夠買得到的，總店均會告知加盟主可以到哪採購，但像日本紅薑、專利船型包裝盒、醬料，還有最主要的麵粉則是由總店統一供應。

成 本 控 制

租金三成，人事二成。

以理想的狀況來看，開業的地點固然重要，但過高的租金也會吃掉原有的利潤，因此通常一個店的租金成本最好能控制在三成以下。而在人事成本上，目前店裡的工作人員，包含店長共有四個人，假日人比較多的時候，會需要用到全部的人力，普通時段則只需要兩個人的人力，所以人事成本最好控制在營業成本的兩成以下。

口味特色

獨特的作法，讓小丸子有外酥內軟的好口感。

這家店的附近另外還有兩家賣章魚小丸子的店家在競爭，如果單從外表來看，每家的章魚小丸子還真是所差無幾，圓圓一顆也看不出內容有何差別。但據客人表示，這家的口感特別好，原因除了材料的差異，最大的不同就在於，一般的章魚小丸子做成之後，不會再用油炸過一遍，因此顏色會偏白，外層自然也不會有酥酥的感覺。日船章魚小丸子獨特的做法，卻可以讓它有外酥內軟的的好口感。

至於章魚小丸子有沒有特殊的吃法，老闆說因為日本人喜歡吃原味，因此他們都只加上日本醬油和柴魚，台灣人口味較重才會加上其他的佐料。通常如果怕甜可以不加美乃滋，怕辣自然不用加辣椒，不過老闆還是建議如果不怕辣加些芥末會好吃些。老闆遇過比較特別的要求，就是希望不要加章魚吧。吃章魚小丸子不加章魚，真是

章魚燒一個一個外型可愛討喜，吃起來也有外酥內軟的好味道。

夠獨特了！不過老闆表示，那多半是吃素的客人。因為麵糊中加有雞蛋，如果吃素者可以吃蛋，那小丸子不加章魚就能吃了，這也算是造福了吃素的客人。

客層調查

高中、大學生最多。

這裡的客人以學生最多，大部分是高中或大學的學生，像是中正高中、銘傳大學、陽明大學、文化大學等校的學生，而根據老闆觀察，來買章魚小丸子的客人似乎又以女生為多。可能是小丸子的外型很討女孩子的歡心吧！

未來計畫

樂在工作，永續經營是最終目的。

蔡先生很喜歡這樣的一份事業，因此未來還是會繼續下去。加上不久「日船章魚小丸子」的總店將有一種新產品問世，這種新產品將搭配章魚小丸子販售，未來會以店面的形式出現，不過目前尚在研發階段。

創業數據一覽表

項　　目	說　　明	備　　註
創業年數	3年	
創業基金	135,000元	
坪數	2～3坪	
租金	80,000元	
座位數	無	
人手數目	4人	假日4人，平日2～3人
每日營業時數	10～11小時	
每月營業天數	30～31天	
公休日	無	
平均每日來客數	700人	假日會更多
平均每日營業額	24,500元	
平均每日營業成本	10,000元	
平均每日淨利	14,500元	
平均每月來客數	23,000人	
平均每月營業額	805,000元	
平均每月營業成本	300,000元	
平均每月淨利	505,000元	

★以上營業數據由店家提供，經專家粗略估算後整理而成。

日船章魚小丸子

成功有撇步

　　地點是最重要的因素，所以這麼說是因為既然是加盟的小吃店，中央廚房幾乎已經把食材和口味的部分替加盟主處理好了，加盟主只需照著簡易的方法去製作，口味上並不會有太大的差異，因此地點就成了成功唯一的要素。通常如果是退休的老先生或是老太太擺攤做生意，只是為了要打發時間，那就無所謂；但如果是年輕人想要靠做生意賺錢，就一定要慎選地點。最好是在較大的夜市裡，如士林或是基隆夜市擺攤，營業額會有顯著的不同。當然，地點好固然重要，但是做生意應有的禮貌，以及衛生環境也需要時時維護。

★ ★ ★ ★ ★ 加盟條件 ★ ★ ★ ★ ★

創業準備金	13萬5千	
保證金	無	
加盟權利金	3萬	
技術轉讓金	無	
生財器具裝備	10萬5千	包括店面招牌
拆帳方式	無	
月營業額	10～50萬	視地點而定
回本期	0.5～1個月	
加盟熱線	04-23768880	
網址	無	

章魚小丸子 做法大公開

作法大公開

★**材料**（以下的數字係店家每次進貨的基本數量）

項　目	所 需 份 量	價　格
麵粉	30公斤	400元
章魚	1斤	120元
洋蔥	1個	5元
高麗菜	1個	20元
日本紅薑	1包（1公斤）	250元
胡椒粉	1包（1斤）	約100元
辣椒粉	1包（1斤）	100元
美乃滋	1包	44元
日本芥末	1/2公斤	70元
台灣醬末	1/2公斤	60元
柴魚	1/2公斤	90元

★製作方式

1 前製處理

　　在麵粉中加入水、蛋和適量的鹽，麵粉和水的比例約是一公斤麵粉，加240cc的水，和700cc的蛋。

2 製作步驟

1 在模具煎板上加上沙拉油，並於每個凹槽內保留少許油。

2 將調製好的麵粉液倒入凹槽中，約1/2滿即可，並放入洋蔥。

3 將切斷的章魚放入凹槽中，一個凹槽一段。

4 灑下高麗菜絲。

5 開大火，將調好的麵粉液再次倒滿整個煎板。

6 加上麵包屑。

7 加日本紅薑。

8 用椎子將麵粉畫出格線，並同時旋轉椎子讓麵粉出現整顆丸子的形狀，也完成翻面的動作。

9 整顆丸子製成後，加入較多的沙拉油在煎板上，將丸子炸熟至金黃色。

10 將製成的章魚丸子置於特製的船型盒子內，加上日本醬油、胡椒粉、辣椒粉、美乃滋、芥末，最後再加上柴魚，就完成了。

11 外脆內軟的章魚小丸子，吃的時候要小心燙口唷！

日船章魚小丸子

獨家祕方

別看店裡的日本醬油很不起眼，這可是用十幾種醬油調製而成的；此外綠色的芥末，也是混合台灣和日本兩種芥末而成，和一般的不一樣喔!

在家DIY小技巧

如果買的到章魚丸子的模具，在家裡做其實並不難，選擇中筋或是低筋的麵粉，加入240cc的水，再加上700cc的蛋，就成了製作章魚丸子必備的麵粉，之後就依照如上的製作步驟一一執行即可。

美味見證

只要有來逛士林夜市就一定會來買，雖然這附近也有別家在賣章魚丸子，但覺得「日船」的口味比較好。

陳雯斐　23歲　學生

報馬仔

公司名稱	日船章魚小丸子
成立時間	民國84年4月
公司地址	台中市西屯區文華路69號
負責人	張世仁
資本額	200萬元
加盟金	13萬5千元
全省每月營業總額	1800萬元
保證金	免
加盟店家	
	北部：25家　　中部：80家
	南部：80家　　東部：10家
	香港：9家　　澳門：4家
	大陸110家　　美國2家
	加拿大：1家
加盟專線	0800-666-800
產品系列	章魚燒
加盟條件	願意配合公司之輔導及監督方式者即可
聯絡電話	04-2976-8880
網站	www.japanboat.com.tw
電子信件	bl8398@ms41.hinet.net

狀元香

狀元飄香口味讚
齒頰留芳廣流傳
滷汁醬料稱獨家
路人紛紛忙打探

DATA

老闆：揚明班
店齡：2.5年
創業基金：約 20萬
人氣商品：花乾
　　　　　（1個13元；2個25元）
每月營業額：約26萬
每月淨利：約16萬
營業時間：16:30～23:30（週日休）
店址：基隆市復興路193號
電話：02-2437-1256

德育護專

狀元香

英正坑復興路
西定路

美味評比　★★★★★

人氣評比　★★★★

服務評比　★★★

便宜評比　★★

食材評比　★★★

地點評比　★★★★★

名氣評比　★★★

衛生評比　★★★

狀元香

小攤上有著各式各樣的滷味，讓顧客有多種選擇。

目前市面的滷味小吃攤中不乏將滷味加熱的做法，但其中「狀元香」應該是較早期進入這個市場，且擁有不錯口碑的老字號滷味。狀元香的行銷方式非常低調，從來不主動打廣告，主要是希望美味加盟者都是眞正有興趣加盟的人，總店把每位加盟主都看成事業的夥伴，強調的是「連鎖」的共生關係，而非

「加盟」的利益或供需關係，因此希望有意加盟的人都是真正有興趣從事這個行業的人，而不全是為了賺大錢。由於狀元香的口味不錯，口碑早已迅速蔓延全省，雖然他們並未架設自己的網站，卻可在各美食網站上看到「狀元香」的相關報導，更有不少網友熱情的「吃好倒相報」。如果您也愛吃滷味這樣的傳統美食，一定不可錯過「狀元香」的美味。

> 滷味不太受到季節性的影響，投資報酬率應該不錯，所以我決定加盟「狀元香」。

心路歷程

　　打從結婚起，楊小姐就一直以家為重，但也覺得一定要找份工作才行，在孩子漸漸長大後，開店前她曾嘗試當過兩年的保險人員，但是保險工作的開會和服務佔去她太多時間，當她發現無法兼顧家庭時，楊小姐毫不猶豫地放棄了那份工作。

　　楊小姐心想自己年紀漸漸大了，已經不太適合再去找工作，又沒有一技之長，唯一會做的就是家事，因此想到開個小吃攤也許是不錯的辦法。以前住在通化街時，她親眼看到今日的「狀元香」由一個小攤販漸漸發展起來，因為自己也非常喜歡他們的口味，並評

估在當時加熱滷味的做法還不多見，滷味是中國傳統美食，又不太受到季節性的影響，在預估投資報酬率應該不錯的情況下，楊小姐決定加盟「狀元香」。

經營狀況

 命名

美味蓋天下，叫我「狀元香」。

幾乎每個人從小都有拿第一的企圖，開個小吃店，自然也希望自己的生意是第一名，於是就有了「狀元」的命名想法，意思好、聽起來也順耳，而既然是賣香香的滷味，就叫「狀元香」啦！意思大概就是這裡的滷味是天下第一香！

地 點

7-11帶來人潮，獨家生意紅不讓。

這間位於基隆的「狀元香」，並不是位居基隆熱鬧的夜市，而是在一個社區裡。選擇這個地點的理由，自然是因為地點離家近，據楊小姐表示，開店時他們住的地方就在對面不到五分鐘的距離。

若是從整個區域考量，因隔壁鄰居就是7-11便利超商和中油的加油站，多少達到了一些集客效果，如果選擇在自己的社區做生意，這裡自然是不可多得的地點。

而且由於入行早，在兩年半前剛開店時，附近的小吃店還不是那麼多，像「狀元香」這樣的滷味更是僅此一家，每次那滷汁的香味四處飄散，雖然不是身處人潮洶湧的大夜市，卻很容易吸引到客人，這樣的獨家生意倒也讓滷味生意做的不錯。

租 金

生意和家庭可兼顧，滷味和飲料很速配。

通常像「狀元香」這樣的攤位，都是以路邊攤的餐車型態出現，但楊小姐卻租下了一整個店面，而且是一、二樓一起租。問及原因，楊小姐表示，剛開始她也不是沒有嘗試過向別人租個騎樓做生意，但就是機運不好，沒有人肯租給她。剛好遇到現在的店址在出租，就這樣租了下來。租下這裡有個好處，就是一樓做生意，二

現代人吃慣了大魚大肉，青菜反而比較受歡迎，店裡提供了多樣的青菜供客人選擇。

樓就是家人的休閒空間，自己可以同時照顧好家庭，這樣的安排讓她無後顧之憂，可以專心工作。

目前這附近一整排的房子，都是一、二樓一起出租，租金約四萬元左右，而由於一樓的店面還算寬敞，為充分利用，一樓另一半由親戚經營飲料店，因此從外觀看起來，這還是個不折不扣的複合店呢！而且經常有不少客人，買了滷味就可就近購買飲料，兩種不同業態的搭配，算是相得益彰，互蒙其利。

 ## 硬 體 設 備

設備簡單，總店會為加盟主打點一切。

開店的準備金大約是二十萬，其中工作餐車的費用就佔六萬八千八百元，而加盟主如果原本沒有冰箱，一定要投資買一部氣冷式自動冰箱，售價約四萬元，總店會介紹供應商給加盟主，由加盟主

自己選購，另外還需要有一個保溫箱，用來盛裝即將要用的材料，其他如小推車、清潔和輔助設備也都需要，林林總總大約又要三萬元。也就是說花在硬體設備的金額大約要近十四萬元。

食材

滷汁、食材處理都不複雜，輕鬆愉快做生意。

幾乎是適合滷的東西這裡通通有，像是豬耳朵、豬頭皮、小肚、脆腸、豆乾、甜不辣、竹輪、水晶餃，以及金針菇、花椰菜、青椒等青菜，可說是應有盡有，由於食材大多是向公司訂購，只有

多樣的魯味，真讓人不知從何下手選擇。

青菜要自己準備，因此不算太複雜。且由於食物的味道主要取決於滷汁，因此從開始營業到打烊，老闆一定要設法維持滷汁的味道，所以通常老闆不會去添加太多公司不提供的食材，以免破壞了滷汁的味道。

擺攤前只要依序將食材整齊排放於餐車上即可，有些食品為加速其解凍，如花乾、豆乾，老闆都會把他們放在較接近滷鍋的位置，好借滷鍋的熱度讓食物快速解凍。當然依公司的規定將滷汁調好是一定要的，製作過程並不複雜，就是將甜醬、辣醬、香料、香料油依一定的比例加在一起，再加些水就好了，客人要買時，將客人所點選的食物放進鍋中，用滷汁加熱一下就好了。

 ## 成本控制

人力簡單，食材靠公司。

除了固定的租金成本，由於主要人手只有楊小姐，而她先生有自己的工作，只在休假的時候才會過來幫忙，孩子放學後有時也會來幫忙，因此真正的人力成本就只有自己。楊小姐認為這樣的生意，員工一多就不划算了，只是門面比較好看而已！而除了人力成本，剩下的就是進貨成本，因為公司有固定的價錢，自己只需依照生意的好壞預估進貨量，定期進貨就好，只有部分青菜要自己去市場買和處理，成本控制並不難。

 ## 口味特色

加熱滷味有特色，滷汁口味很道地。

過去的滷味就是滷好放著等客人來買，在楊小姐的記憶中，「狀元香」應該是第一個將滷味加熱後再販售的滷味攤。中國人嘛，總是喜歡吃些熱食，這讓身為家庭主婦的楊小姐感到十分特別，加上從小吃到大，覺得「狀元香」的滷汁味道最好，因此對加盟「狀元香」深具信心。

目前店裡每項產品，都各有死忠的客人，但其中算是花乾和烏龍麵最受好評，看起來硬硬扁扁的花乾，經過滷汁加熱後，由於吸飽了滷汁，形成外脆內軟的好口感。烏龍麵經過滷汁煮熟，加些豆子、竹輪、高麗菜，就算是一道經濟的簡餐了。

如果你喜歡吃青菜，這裡有花椰菜、金針菇、青椒供你選擇；脆腸、酸菜也算特色之一，兩種食材以一比一的比例混合，讓您在吃到脆腸時也同時吃到脆脆的酸菜，加些蔥花相佐更是爽口。

狀元香滷味好吃的祕密，除了滷汁之外，精心研發的醬料也是功臣之一。

客層調查

學生、主婦都有，做生意就像在交朋友。

　　這附近有德育護專、中山國中、中山高中、德育護專等學校，雖然還有些距離，不過學生也佔掉了客源的一半左右。由於賣的是滷味，現在不少職業婦女身兼二職無法花太多時間在煮飯上，因此經常會前來買幾樣滷味，回家放在盤子裡，就是一道現成又美味的佳餚。目前來店的客人多半是熟客，對客人個別的口味楊小姐都盡量記得清清楚楚，包括客人要替老婆帶滷味回家，楊小姐都能貼心的對他老婆喜愛的口味提出建議！而如果遇到陌生的客人，楊小姐一定也會對客人的口味多做詢問，希望客戶能夠滿意下次再來。

　　目前客人的平均消費額約在一百元到一千元不等，雖然有清楚的價目表供消費者參考，但多數的消費者似乎都十分信賴楊小姐的

推薦和信用，採訪時還遇到一個女客人，她說上次錢帶不夠少給了楊小姐幾十元，而楊小姐顯然早已忘光光，大概就是這樣像交朋友般的做生意方式，生意才能愈做愈好。

酸菜脆腸的脆腸脆脆甜甜，酸菜脆脆鹹鹹，兩種不同爽脆一起入口，感覺真是太好了。

 ## 未來計畫

家庭為重，沒有擴大營業計劃。

由於開店的目的不同，雖然現在的生意量楊小姐已經快要忙不過來，但以家庭為重的她並沒有要擴大生意的打算，這點從她星期日不營業的做法就可以得到證明。老闆楊小姐也表示這個地點的客流量有限，除非加賣別的東西，招攬來的新客人可能有限，而如果要擴大生意的規模，軟硬體設備都要再做投資，也未必划算。

創業數據一覽表

項　　目	說　　明	備　　註
創業年數	2.5年	
創業基金	200,000元	
坪數	15多坪	兩樓層約39坪
租金	43,000元	
座位數	0位	全部外帶
人手數目	1人	先生、小孩偶爾幫忙
每日營業時數	8小時	
每月營業天數	25～26天	
公休日	週日	
平均每日來客數	120人	
平均每日營業額	10,000元	
平均每日營業成本	4,000元	
平均每日淨利	6,000元	
平均每月來客數	3000人	
平均每月營業額	260,000元	
平均每月進貨成本	100,000元	
平均每月淨利	160,000元	

★以上營業數據由店家提供，經專家粗略估算後整理而成。

狀元香

成功有撇步

　　楊老闆表示，做小吃的生意時間和體力是最重要的因素。長時間站立和不停的勞動，剛開始還真是難以應付，不是忘了擺出某項食物，就是算錯錢。如今即使很多客人同時前來，也難不倒楊老闆，還可以同時分身接受記者的探訪，真是令人佩服。當然由於賣的滷味需要加熱，耐熱大概也是工作必要的要求。

　　而除了自己的部分，面對客人所帶來的壓力，也要努力調適，像是有些客人會要求一些特殊的口味，或是哪些東西要分開包、哪些要包在一起，又有些口味要甜一點、有些口味要鹹一點，要一一達到客人的要求可不容易，想要從容應付可能需要一段時間的磨練。

★ ★ ★ ★ ★ 加盟條件 ★ ★ ★ ★ ★

加盟形式	5萬元加盟
創業準備金	約20萬
保證金	無
加盟權利金	無
技術轉讓金	6萬
生財器具裝備	6萬8千8百，氣冷式自動冰箱4萬，保溫箱3萬
拆帳方式	無
月營業額	18-30萬
回本期	2～4月
加盟熱線	02-2642-2890
網址	無

花乾 做法大公開

作法大公開

★材料

項　目	所　需　份　量	價　格
花乾	一包（8片）	39元

★製作方式

1 前製處理

　　超市有現成的滷包可以熬成滷汁，花乾若經冷藏需先置於滷鍋邊加熱解凍，而除了花乾，任何你喜歡吃的滷味或生菜皆可至於鍋中加熱，主要是以不破壞滷汁的味道爲原則。

2 製作步驟

1

將花乾切塊。

2 將花乾放置滷鍋中
加熱，並隨時維持
滷鍋邊的清潔。

3 用鐵網將熱過的花
乾撈起，並加上醬
料。

4 將醬料與花乾
充分扮勻之
後，加上一些
蔥末，就是一
道好吃的滷花
乾。

獨家秘方

　　讓食物好吃確實有些祕訣，以高麗菜來說，菜要好吃一定要先泡水約20分鐘，然後沖洗，再放入藍子裡，經過這樣的處理菜才會脆脆的，但是如果泡太久也是不行的喔！

在家DIY小技巧

　　花乾算是一個相當傳統的食物，在傳統市場和超級市場都很容易買到，花乾的做法也是再簡單不過，美味與否，關鍵就在於滷汁吧！超市現在也有現成的滷包，可是口味就和「狀元香」不盡相同！

美味見證

王小姐 三十六歲 會計

　　最喜歡吃這裡的高麗菜和雞脖子，主要是這裡的滷汁味道很好，所以有空就會過來買。但吃起來熱熱的比那種已經滷好而未再加熱的滷味好吃許多。

報馬仔

公司名稱	狀元香食品有限公司
成立時間	民國83年
公司地址	台北縣汐止市大同路一段286巷13號
負責人	楊明德
資本額	不便透露
加盟金	6萬元
全省每月營業額	不便透露
保證金	簽付10萬元本票
加盟店數	80家　皆在新竹以北
加盟專線	02-2642-2890
產品系列	滷味
加盟條件	地點需經由公司評估
聯絡電話	02-2642-2890
網站	無
電子信箱	無

休閒小站

飲料行業老字號
烹煮保鮮有一套
奶茶雪泡和冰沙
攜帶方便衛生好

DATA

老闆：陳瑞堂
店齡：2年
創業基金：約45萬元
人氣商品：珍珠奶茶（25元/杯，700cc）
每月營業額：42萬元
每月淨利：26萬元
營業時間：每天11：00～23：00
店址：台北市中坡南路32號
電話：02-2726-2311

美味評比	★★★★☆
人氣評比	★★★★☆
服務評比	★★★★☆
便宜評比	★★★★★
食材評比	★★★★☆
地點評比	★★★★★
名氣評比	★★★★☆
衛生評比	★★★★☆

休閒小站

在大街小巷裡，常常可以找到休閒小站。

小小的一杯「珍珠奶茶」帶動了台灣500cc飲料店的風起雲湧，甚至揚名海外，成了繼「烏龍茶」之後的中國國飲。在今日眾多的700cc或500cc的飲料店中，「休閒小站」算是獨領風騷的品牌，它創業於1992年，並於1997年開放加盟，至

今海內外共有加盟分店400餘家，堪稱同行中老字號的開山始祖。

　　堪稱不太高的創業基金、簡單的店面裝潢，和簡易的工作流程，是吸引陳先生加盟飲料行業的主因；而好的商譽、穩定的物料品質、實在的價錢，則是個性偏向保守的陳老闆選擇加盟休閒小站的理由。

心路歷程

總公司都會定期派輔導員來做輔導，又常常有促銷活動刺激買氣，讓加盟主覺得受益不少。

　　原本經營早餐店的陳老闆，在經營早餐店十年後，又選擇了500cc飲料店加盟，主要的原因是覺得早餐店的營業時間不長，只集中在早上那段時間，因此為了另闢財源，決定考慮再創一個事業。由於每個人的個性不同，陳老闆強調如果要開一家店，一定要選擇一個成熟的行業，而不是新興的行業，而且要選就選最知名的品牌。他發現現在滿街都是500cc的飲料店，由此可以知道這已經是個成熟的行業，而在這個行業中「休閒小站」算是其中的老字號。當然只有這些條件還不夠，在加盟前陳老闆還參觀過幾家知名飲料品牌的廚房，發現「休閒小站」的廚房很衛生，加上預計營業收入不錯，又恰好在原本熟悉的

協合工商旁找到了理想的地點，於是就正式加盟成為「休閒小站」中的一員。

決定加盟後，公司會要求加盟主到總店接受一星期左右的訓練，訓練之後還要經過考核，才能正式開張營業。開店後總店還不定期會派輔導員前來輔導，更經常推出許多促銷活動，主動刺激買氣。這些協助確實讓陳先生覺得受益不少，享受到一個好品牌所帶來的效應。

相較於早餐店的經營，陳老闆目前每天只需在下午到店觀察二～三個小時即可，工作流程又很簡單，實在輕鬆不少，獲利率也還不錯，因此如果有機會，陳老闆不排斥再開一家。

經營狀況

 命名

輕鬆、活潑的休閒空間。

希望提供消費者輕鬆、活潑、休閒的飲品及環境空間，以輕鬆、活潑、休閒的定位作為命名的發想，因此取名「休閒小站」，標榜該店是提供休閒飲品的販售站。

地 點

學生為主，推廣外送。

　　選擇位於協合工商正對門的大道
旁開店，除了離家不遠，主要還是考
慮到有協合和祐德兩間學校的學生客
群支持。但也因為如此，小小的一段
中坡南路上就有3家類似的店面，去
年8月隔壁的飲料店剛開張時，競爭
更是進入白熱化的狀態。由於店面不
大，也沒有座位區，為了招攬更多的
生意，陳老闆就會透過特價方式促銷
商品，並推廣外送服務。此外，透過
網站的宣傳，也能吸引到一些較遠地區
的客人，就曾經有市政府的客人，是看

不管店開在哪裡，休閒小站的客層
很廣，通常以學生為最大宗。

到網站上的訊息主動打電話前來訂貨。而通常店裡生意最好的時間
多集中在兩個時段，一個是下午五點到七點學生的放學時段，另一
個是晚上九點的倒垃圾時段，因為有些家庭主婦或者年輕人認為既
然出來了，就順道幫家人帶些飲料回家。

租金

相較附近行情租金不算高。

店面是一樓和二樓合租，共八萬元，另外需付三個月押金。由於鄰近學生商圈，相較於這附近的租金應該不算太貴。目前一樓當作飲料店的店面，二樓則是親戚經營的網路咖啡廳，兩層樓的房租由雙方共同負擔，但樓上的網咖所賣的飲料就是樓下的產品，因此算是一個上下樓層的複合店。由於兩種業態的主要消費群都是附近的學生，因此生意上也有相互拉抬的效果。通常樓上網路咖啡廳的客

封口機讓飲料的衛生有保障，也顧及到客人攜帶的方便。

人，一進去就會待上一段時間，因此三不五時都會下樓買杯飲料解渴，再繼續「戰鬥」。不過近來由於政府法律日趨嚴格，樓上的網咖可能會結束營業，但一樓的「休閒小站」仍會繼續營業。

 硬 體 設 備

大小通包，水電、裝潢另計。

整個工作檯上大大小小的東西都是由公司提供的，包括進口製

冰機一台、冷藏新鮮水果與牛奶用的大冰櫥一個、冰品、豆花以及茶類的冰廚三台、愛惠浦全套淨水設備兩套、全自動封口機一台、三十加侖全自動開水機一台、吧檯（分離式）開水機一台、冰櫃架三組、大爐台一個、大水槽一個、豆花桶三十五個。水電，裝潢等費用另計。

食材

品項繁多，但處理簡易。

「休閒小站」的飲品，主要分為冰沙類、調茶類、茶類、奶茶

店裡特別選擇台灣綠豆，主要是因為台灣綠豆的味道比較香，通常要經過兩個小時的熬煮，且要細心控制火候，不能燒焦，非常費工。

類、雪泡類、豆花類、厚片土司以及新鮮果汁。所有原料都是向總公司進貨，進來的貨有半成品和成品，其中茶和珍珠粉圓都要自己熬煮，熬煮的方法公司會加以訓練，但是店家也要從經驗中學習修正，才能做出最適合的口味。豆花則是公司已經製成的成品。新鮮的水果是向附近固定的配合商家購買，店裡目前提供有木瓜汁、西瓜汁、紅蘿蔔汁以及葡萄柚汁等。陳老闆表示木瓜要選較熟的才會香，西瓜自然是大顆多汁最好，葡萄柚則要挑重的才有水分。

成本控制

貨源固定，買價平穩，人事精簡。

　　在食材的成本控制上，因為大部分的材料都是向總店進貨，因此有固定的成本比例，約佔營業額的三成，也就是十萬元左右。而為了保持食物的新鮮，雜糧最多保存四天，其他食材一律不超過三天，且每天開賣前一定先試吃。為了不浪費食物，老闆必須時時依經驗去調整進貨的時間和數量。另外由於新鮮的水果是和廠商長期配合，因此價錢一直很穩定。而在人事的成本上，最初是由夫妻共同經營，但隨著營業額的增加，目前店裡共有五位工作人員，分早晚兩班輪班服務。早班時間是十一點到下午五點半，晚班則是從下午五點半到晚上十一點，每個時段維持二到三人左右。陳老闆指出，由於工作流程簡單，這樣的人力已經足夠，而且相較於早餐店，飲料店的人手也較為好找。

口味特色

奶茶甜而不膩，綠茶清香爽口。

　　除了讓台灣飲料店一炮而紅的珍珠奶茶，在冰沙類這項，陳老闆特別推薦店裡的綠豆沙，強調他們用的是台灣綠豆，且經過兩個小時的熬煮，因此味道特別香。而經過一定的標準步驟製成的雞蛋

布丁豆花，也是頗受歡迎的產品。至於奶茶系列，椰果奶茶和咖啡口味的魔力奶茶都是頗受歡迎的商品。陳老闆表示，喝慣了「休閒小站」的奶茶就不太喝得下別家的奶茶，主要是因為每家奶茶的茶葉和奶精品質以及調配比例的不同會影響口感。除此之外，老闆還特別推薦店裡的綠茶，喝起來茶味濃郁，清香順口。不要看平平淡淡的綠茶，綠茶要煮的好可是要有點經驗，首先是水溫不能超過攝氏87度，太熱茶會澀、不夠熱又會沒味道，且隨著季節冷熱的不同，煮的時間也需要有所調整，才能讓綠茶的味道恰到好處，真是很專業喔。

而在健康觀念的引導下，最近有不少客人還會特別要求不同的口味，如不加冰、少加糖，甚至是不加糖，為了服務這些客人，老闆特別準備了一小壺未加冰、未加糖的茶，主要目的是希望能盡量滿足顧客個別化的需求。

 ## 客層調查

學生客佔六成，女生比男生更勇於嘗試新口味。

由於位居協合商圈，店裡主要的客人自然是協合的學生，也就是15至18歲左右的高中生。但是為了推廣生意，店家也很努力的到附近忠孝東路上的公司行號發傳單，以吸引上班族的客人。而自從

鮮明活潑的企業形象，是休閒小站贏得顧客青睞的原因之一。

有了網站的宣傳，有些遠在台北市政府的客人，竟然也會打電話來店裡叫外送，這點確實讓陳老闆感到吃驚，也開始重視網路行銷。

來店的客人男女都有，但據觀察發現，男生比較喜歡冰沙類的產品，女生則偏愛調茶類的飲品。而據老闆觀察，對於新口味商品的接受程度，女生的接受力要比男生大，像是最近推出的柳橙紅茶、草莓茶、梅子紅、梅子綠等，愛喝的幾乎都是女生，這確實是非常有趣的現象。

 ## 未 來 計 畫

只要地點好，離家不要太遠，不排斥再開一家。

相較於自己的另一家早餐店，老闆一直覺得500cc飲料店的經營是輕鬆的多了，獲利也好。因此只要地點好，離家不太遠，他會考慮再開一家，但是陳老闆也表示目前好的地點並不容易找，因此並不急著執行下一步的計畫。

成功有撇步

　　開過兩家不同型態小吃加盟店的陳老闆表示，想創業成功一定要用心。雖然已經有過十年經營早餐店的經驗，但陳老闆說飲料店開張的頭幾天，他的太太也過來幫忙，由於對工作不熟悉，工作壓力又大，她竟然累到嚎啕大哭，由此可見創業的不易。陳老闆建議，在人力上，剛創業時最好是夫妻倆一起作，客人多時再請工讀生幫忙。此外服務的態度也非常重要，而說來說去，陳老闆認為還是地點最重要。

　　雖然好的開始是成功的一半，但陳老闆表示，他看過許多同業最後經營失敗，原因大多是「跑貨」，因為經營久了，知道了一些進貨的管道，面對部分物料供應商的銷價競爭，經不起低價的誘惑而選擇了品質較差的貨源。陳老闆表示「一分錢，一分貨」，因貪小便宜而使品質滑落，終究會招致客人的流失，實在是得不償失。

　　此外，陳老闆指出，不懈怠的精神也是要保持的，針對每種產品總公司都會教導一套標準的做法，但常常因時間久了，店家就會不堅持原來的做法，造成品質的不穩定。而在經營的態度上，陳老闆也表示，由於是自己在開店，常常會愈來愈懈怠，這樣的工作態度對生意也會有不良影響。

創業數據一覽表

項　目	說　明	備　註
創業年數	2年	
創業基金	400,000元	
坪數	24坪左右	
租金	約50,000元	
座位數	無	
人手數目	5人	
每日營業時數	12小時	
每月營業天數	30～31天	
公休日	無	
平均每日來客數	550人	約700杯
平均每日營業額	17,500元	
平均每日營業成本	6,000元	
平均每日淨利	11,500元	
平均每月來客數	17,000人	
平均每月營業額	420,000元	
平均每月進貨成本	160,000元	
平均每月淨利	260,000元	

★以上營業數據由店家提供，經專家粗略估算後整理而成。

★ ★ ★ ★ ★ 加盟條件 ★ ★ ★ ★ ★

創業準備金	40萬
保證金	無
加盟權利金	50萬
技術轉讓金	無
生財器具裝備	30萬元～40萬元
拆帳方式	無
月營業額	看地點而定
回本期	6～12年
加盟熱線	0800-098-998
網址	www.easyways.com.tw

珍珠奶茶 做法大公開

作法大公開

★材料（以下的數字係店家每次進貨的基本數量）

項　目	所 需 份 量	價　格
珍珠粉圓	3公斤	90元
奶精	25公斤	1450元
紅茶	300公克	50元

★製作方式

1 **前製處理**

　　中央廚房送來的粉圓，需要經過處理，粉圓要好吃，除了要先煮熟（約15分鐘），最重要的是燜，大約要燜個15分鐘，粉圓才不會看到白心，此外存放時間不能超過4小時，否則粉圓就不Q啦！若是紅茶要煮15分鐘，若是綠茶則不能煮太久，5分鐘就可以了。粉圓和茶都好了，加上現成的奶精，就是好喝的珍珠奶茶了。

2 製作步驟

1 先在杯中放入冰塊，因為奶茶本身就已經是冰的，有些顧客也會要求不放冰塊。

2 將QQ的大顆珍珠粉圓置於杯中。

3 倒入濃郁香純的奶茶至杯中。

4 除了珍珠之外，怕胖的人可試加QQ的蒟蒻，別有一番風味。

5 奶茶加上咖啡凍成為休閒小站店內的「魔力奶茶」，是近年來的新流行。

6 滑嫩的雞蛋布丁配上香濃的奶茶，甜而不膩，也是休閒小站的人氣商品之一。

7 最後用機器將杯口
封上膠模，就是一
杯清涼消暑而又衛
生的飲品了。

獨家祕方

　　珍珠粉圓要好吃，煮的功夫固然重要，但是眞正讓粉圓好吃的祕訣則在於燜的功夫。煮熟後的粉圓還要燜上15分鐘，才能讓粉圓整顆熟透沒有白心，此外存放的時間也不可超過4小時，否則粉圓就不Q了。

在家DIY小技巧

　　奶茶可以用茶包加上牛奶一起熬煮，但茶種的不同和調配牛奶的比例，以及熬煮的時間都是影響奶茶口味的關鍵。粉圓則可以在超級市場買到生的或是已經煮好的，兩個加起來就是好吃又好喝的珍珠奶茶！

美味見證

楊先生 25歲 網咖服務生

　　最喜歡的是這裡的珍珠奶茶，這裡的奶茶味道很好一喝就會上癮，珍珠又大，因此會經常來買。

報馬仔

公司名稱	休閒小站
成立時間	民國81年
公司地址	台中市工業十路4號
負責人	郭文河
資本額	2000萬元
加盟金	5萬元
全省每月營業額	平均單店每月營業額45萬元
保證金	無
加盟店數	超過700家
	直營店：21家
	加盟店：535家
加盟專線	0800-098-998
產品系列	珍珠奶茶、綠豆沙、調味茶、
	新鮮果汁等約百種商品
加盟條件	1. 創業準備金約50萬元
	2. 店家坪數約10～20坪
	3. 契約期限：2年
聯絡電話	0800-098-998
網站	www.easyway.com.tw
電子信箱	service＠easyway.com.tw

DATA

老闆：戴旭姜
店齡：1.5年
創業基金：約100萬
人氣商品：豆花（30元/份）
每月營業額：約75萬元
每月淨利：約36萬元
營業時間：11:00～23:00
店址：台北市漢中街23號(西門町)
電話：02-2381-2650

三兄弟

美味評比 ☆☆☆☆

人氣評比 ☆☆☆

服務評比 ☆☆☆

便宜評比 ☆☆☆

食材評比 ☆☆☆☆☆

地點評比 ☆☆☆

名氣評比 ☆☆☆☆

衛生評比 ☆☆☆☆☆

三兄弟豆花店

店門口貼上各式各樣的甜點總類介紹，
為的是讓顧客看的更清楚，有更多選擇
的空間。

還記得小時候，最期待賣豆花的阿伯挑著擔子出來賣豆花的情境。擋不住的豆花香從豆花攤裡飄送出來，讓大人和小孩都饞得留下口水，特別是在冷冷的冬日，一口香香QQ的豆花，配上熱呼呼的熱薑湯，真是童年裡永遠的記憶。如今這樣的景象似乎早就消失在現代化的大都市中，但是這樣的傳統美味並沒有

消失，只是豆花攤子改頭換面，成了一間間明亮乾淨的「三兄弟豆花店」。

「三兄弟豆花店」除了保持傳統的美味，為了提供客戶更多選擇，也不斷積極開發出各式各樣的新式美味，以趕上年輕一代客人口味的變化，像是最近流行的芒果冰、草莓冰，這裡可是都有供應，而且價格也合理的多。

從小攤販到現代化店面，從傳統口味到創鮮美味，「三兄弟豆花店」的三位繼承人，不但讓上一代的事業得以發揚光大，也讓中華美食得以繼續傳承。

> 因為親身試吃過三兄弟豆花，才決定加盟，所以口味一定沒問題。

心路歷程

開業之前，老闆戴小姐在貿易公司上了十幾年的班。受到不景氣影響，公司倒了只好自己開店做個小生意。在親戚的引薦下，戴小姐接觸到當時還不是很知名的「三兄弟豆花店」。開店前戴小姐曾親自造訪「三兄弟豆花店」位在於基隆的總店，發現人潮真的很多，在自己親身嘗試過

「三兄弟豆花店」的口味後，她也感到確實不錯，因此開始對「三

兄弟豆花店」產生了信心。

　　由於戴小姐完全沒有餐飲方面的工作經驗，初期就是靠「三兄弟豆花店」的總店一步步輔導走來。老闆也覺得這是加盟最大的好處之一，因為只要加盟，舉凡生財設備、食材供應、店面裝潢、技術指導，總店都會幫加盟主弄到好，這對剛進入一個新行業的人來說確實是十分方便。

　　但畢竟是做了幾十年的辦公桌，戴小姐記得自己剛做生意時，非常內向，花了很多時間才學會要如何和客人相處，對於每一個製作動作也是花了很多時間練習，才能愈做愈熟練，如今客人點餐，她不到三十秒就能搞定，真是有訓練就有差別。

經營狀況

命名

　　三兄弟為傳統家業創新意。

　　「三兄弟豆花店」顧名思義，正是有三個兄弟，接手了父親在基隆廟口的老字號路邊攤豆花店，而且不只是繼承，還發揚光大成了現代化的連鎖企業。現在的「三兄弟豆花店」，店面早已經改頭換面，每一家分店都擁有統一的公司商標，黃和綠的用色，店內乾淨清爽，雖然賣的仍是不變的傳統口味，卻早已退盡傳統小店的形象。

 ## 地 點

地點雖重要，成本也是要考慮。

要開小吃店，地點一定是最重要的因素，如果開店的地點沒有
人潮，東西再好吃也等不到客人上門來，因此老闆在開店時就選擇
在熱鬧的西門町商圈內。但是實際到達店面，卻發現店面的所在位
置，其實已經偏離西門町最熱鬧的地方，幾乎是西門町商圈的外
圍。所以如此，老闆表示，實在是因為西門商圈雖然繁華，但是租
金也是貴的嚇人，店面的所在位置，確實不是處於
西門町最熱鬧的地區，卻也離人潮洶湧的西門
町商圈不遠，加上附近有些學校，也會帶來
一些學生客源。戴小姐對食物的美味很有信
心，她認為只要設法把人潮吸引過來，加上
租金成本的降低，這樣的地點應該是可以接受
的，而且附近同性質的店家也還沒有太多。

「喜四寶」可冷吃也可熱食，結
合了木耳、桂圓、湯圓、紅棗料
多味美營養豐富價值高。

 ## 租 金

租金省一半，拉客靠本事。

同樣大小的店面，這裡的租金卻比西門町最熱鬧的中心便宜一
半。老闆是這樣計算的，店裡的食品單價平均在三十元到五十元元

之間，每個客人停留的時間約是十多分鐘，大都是吃完就走，很少在店裡聊天逗留。如果計算滿座人數和工作時數，就不難了解這家店的營業上限，在這樣的限制下，戴小姐覺得還是選擇目前的地點會比較划算，畢竟租金一省就是一半，而店面固然不能移動，人總是可以想辦法讓他們到店裡來。

硬體設備

生財設備和裝潢，總公司都一手包辦。

店裡主要的生財器具包括冰箱、工作檯、鍋、碗、瓢、盆，都是由總公司提供，店內的桌椅以及招牌裝潢，也都是由總公司負責，黃色和綠色是「三兄弟豆花店」的標準色，三個微笑臉蛋則是「三兄弟豆花店」的公司標識。鮮明的企業形象，讓喜愛「三兄弟豆花店」口味的客人，看到招牌就有信心。

食材

降低食材成本，開發新口味。

所有的食材幾乎都是向總公司訂購，這確實是加盟的好處，可以保障穩定的貨源，和省下大量的採購時間。但是漸漸熟悉這個行業後，很多商家都會發現更便宜且方便的購貨管道，這也是為何有

度小月系列**9**

加盟
Money
篇

些加盟主，後來會脫離總店自行創業的原因。但同樣的如果不向總店進貨，食物的品質和貨源的穩定也會受到挑戰，而且品牌的效應也就消失了，如何取捨是一個值得思考的問題。

三兄弟豆花專屬的貨車，只要有向總公司訂貨，在時間內收到最新鮮的食材。

而除了公司固定提供的食材外，店家也順應季節和商圈特性，開發了像芒果冰、草莓冰等新口味，以試探市場。而這些新鮮水果的來源是南部的農場，老闆表示六至七月是愛文芒果的盛產季節，這時候的芒果可說是最好吃也最便宜，草莓則以十一月中旬到三月的台灣草莓最好吃，其他季節的草莓其實都是國外進口的，口味反而比較酸。

 ## 成 本 控 制

進貨量要控制，人力要妥安排。

食材成本，需要依靠經驗決定叫貨的數量。否則食物叫多了不能存放，會造成浪費，叫少了卻又怕缺貨。特別是豆花，如果豆花店沒有了豆花，哪還叫做豆花店嗎？因此，老闆對豆花的進貨量也會特別注意。通常在假日時，客人會特別多，因此備貨量也會比較

大，可以存放的食材，一次多
準備些是無妨，方便隨處購得
的食材，則不需控制的太精
準。但像豆花由於是總公司做
好的，就一定要保持新鮮。人
事成本上，目前工作人員共有
7人，會隨時段靈活調度，通
常不忙的時候4人，包括1個

「情人冰」，甜酸交雜，美味就在其間。

廚房、2個外場、1個去外面舉牌招攬更多客人、較忙的時段會7人
全部上工。但店裡的人手不好安排一直是個問題，而且請到的工讀
生流動性也高，管理不易，為不影響食物品質，廚房的工作者非常
重要，需要是穩定性高且經過訓練的員工。

　　一般來說，如果加盟店能將租金控制在10%，物料成本35%，
人事成本15%，雜項成本10%，這樣淨利才可達30%。

口味特色

草莓、芒果是「情人」，冬日「養生」有一套。

　　以豆花來說，開店之初老闆就已經吃過很多家的豆花，還是覺
得「三兄弟豆花店」的豆花最好吃，又軟、又Q，很多客人都特地
前來品嚐，且百吃不厭。結合芒果和草莓兩種時下最受歡迎口味的
「情人冰」，無論在紅、黃強烈的色彩對比，或是酸甜口味的搭配

上，都深受時下年輕人的歡迎。而在冬天，「喜四寶」是一定要推薦的美味，它結合了木耳、桂圓、湯圓、紅棗四寶，料多味美營養價值又高，寒冬中可得多吃點補一補。「薏仁養生湯」加入了薏仁、枸杞、紅棗、蓮子，也是冬日裡不可多得的美味。

客層調查

男女一樣多，學生佔五成。

從來店的客人看來，男生、女生分布的很平均，客人多半是以高中生較多，學生客幾乎佔了客人的五成左右，像金歐、北市商、台北師範學院的學生都常常來光顧。不然就是一些喜歡這裡口味的老客人，當然從西門町那邊被看牌吸引過來的客人也是不少，此外，店裡外帶的客人也很多。畢竟店裡食物的售價都在50元以下，不高的價位，很能吸引客人。

未來計畫

有合適的地點，才會考慮再開一家店。

由於目前戴小姐對相同性質的飲食店經營已經累積了不少經驗，對於店面的經營、食物的製作、叫貨的來源和控制，都有一定程度的心得，因此，未來並不排斥會經營一家自己的店，但還是要先選到適當的地點才行。

創業數據一覽表

項　　目	說　　明	備　　註
創業年數	1.5年	
創業基金	1,000,000元	
坪數	15多坪	
租金	10,000元	
座位數	40位	全部都外帶
人手數目	7人	兩班制
每日營業時數	12小時	
每月營業天數	30～31天	
公休日	無	
平均每日來客數	450人	
平均每日營業額	25,000元	
平均每日營業成本	13,000元	
平均每日淨利	12,000元	
平均每月來客數	14,000人	
平均每月營業額	750,000元	
平均每月進貨成本	390,000元	
平均每月淨利	360,000元	

★以上營業數據由店家提供，經專家粗略估算後整理而成。

三兄弟豆花店

度小月系列9
Money
加盟篇

成功有撇步

在西門町商圈附近，放眼望去，多的是性質相近的冰果店，價位的差別也不大，如何能在眾多競爭者的環伺下成功經營，確實需要一些小撇步。首先，由於老闆知道自己的店面位置偏遠，於是老闆大膽的寫了大字報，勇敢的走到西門町的大道上，舉牌吸引客人前來店裡光顧，據說效果奇佳，最後竟成了附近商家競相仿效的宣傳招式。

此外，由於販賣的是食品，只要一個不注意，就會影響食物的品質，因此，戴小姐非常注意客人的反應。除了被動收集客人的反應加以改進外，戴小姐會特別注意客人吃剩下來的東西，因為通常剩的東西愈多，一定表示客人對該項食物的口味感到不能接受，這時就得趕緊自己試吃看看，是不是粉圓沒煮好，太軟或是太硬了，如果發現情況確實如此，戴小姐一定立刻重新煮過。戴小姐說品質不好時，熟的客人會直接告訴她，但很多客人根本不會說，只是下次就不來了，因此品質的維持絕對是非常重要的。

★ ★ ★ ★ ★ 加盟條件 ★ ★ ★ ★ ★

加盟形式	攤販型	店面型
創業準備金	12萬	46萬
保證金	2萬(日結)	6萬 （月結）
加盟權利金	20萬	40萬(裝潢由加盟主負責)
技術轉讓金	無	無
生財器具裝備	依需求	依需求
拆帳方式	無	無
月營業額	20-40萬	100萬
回本期	10個月	10個月
加盟熱線	02-2421-4602	
網址	無	

97

作法大公開

★**材料**（以下的數字係店家每次進貨的基本數量）

項　目	所　需　份　量	價　格
豆花	1桶	150元
粉圓	1斤	18元
包心粉圓	1包	70元

★ 製作方式

1 前製處理

　　粉圓熬煮幾小時後，一定要經過燜熟的過程，才會讓整顆粉圓都熟透，且不能存放太久，否則粉圓的Q度就會消失。

2 製作步驟

1

將豆花至桶中舀起置於碗中。

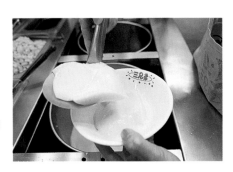

2 將粉圓加入乘滿豆花的碗中。

3 將糖水和冰置於粉圓豆花的最上層。

4 一碗清涼、香Q的粉圓豆花就可以端上桌了。

獨家祕方

粉圓要煮的又Q又軟是需要經驗的累積跟技巧的。目前市面上有販售乾燥的粉圓,將一鍋水煮沸之後,倒入適量的乾粉圓,在煮的過程需攪拌,避免黏成一團,約煮三十分鐘之後,就可以撈起食用。為了讓口感更好,可以趁熱再加上紅糖均勻攪拌後,這樣粉圓搭配豆花或者奶茶會更有風味。

在家DIY小技巧

現在的超市很方便,早就有現成的各式豆花或是粉圓在販售,只要回家自己熬些熱薑湯,加在一起就是美味的粉圓豆花。但是要注意食物的保存期限和保存辦法喔!否則食物不新鮮了可是會大大影響口味和健康。

美味見證

趁著下課的空檔,來過店裡的同學特別帶朋友跑到這來品嚐美味,包了一整顆紅豆在中心的包心粉圓豆花很受同學推薦,芒果冰也很受歡迎。

台北市立師範學院學生

報馬仔

公司名稱	三兄弟食品有限公司
成立時間	民國91年2月
公司地址	基隆市仁愛區龍安街142號
負責人	簡淑芬
資本額	100萬元
加盟金	免
全省每月營業總額	1000萬元
保證金	6萬元
加盟店家	分佈台北、桃園共32家
加盟專線	02-2421-4602
產品系列	豆花、粉圓、芋頭
加盟條件	1. 自備資金
	2. 經營和投資者同人
	3. 自備營業點
聯絡電話	02-2421-4602
網站	無
電子信件	fo932071@ms47.hinet.net

三媽臭臭鍋

丈母娘的名氣響
拿手絕活臭又香
用料豐富湯頭美
海鮮泡菜加大腸

DATA

老闆：黃照宏
店齡：2年
創業基金：約60萬
人氣商品：大腸臭臭鍋（90元/份）
每月營業額：約220萬元
每月淨利：約160萬元
營業時間：每天11:00~凌晨1:00
店址：台北市士林區大南路48號
電話：02-2889-1319

美味評比　★★★★★
人氣評比　★★★★☆
服務評比　★★★★☆
便宜評比　★★★★☆
食材評比　★★★★☆
地點評比　★★★★☆
名氣評比　★★★★☆
衛生評比　★★★★☆

不知道從什麼時候開始，全台灣從南到北都能看到遍布大街小巷的「三媽臭臭鍋」，其發展加盟的速度確實令人驚訝，據說目前加盟店家已近300家。究其原因，口味的特殊和平價的消費應是關鍵所在。

　　當然聰明的消費者一定會發現，同樣是「三媽臭臭鍋」，每家店賣的都是標準的「大腸臭臭鍋」、「泡菜鍋」、「海鮮豆腐鍋」和「鴨寶鍋」，但他們的口味確實有些不同，而且店家的裝潢風格差異也挺大的。的確，「三媽臭臭鍋」對加盟主除了在主要的四種口味和價格的統一上有所要求和限制外，還保留了很多空間給加盟主發揮。

　　因此如果您吃過別家的「三媽臭臭鍋」，覺得價錢雖然便宜，但用料似乎不夠豐富，或是氣氛不太好，那來到士林這家廟口旁的「三媽臭臭鍋」，絕對會顛覆您的觀感。這裡的裝潢以深咖啡色系為主調，呈現出高級餐廳的格調，不過價錢仍是統一價90元，而親自品嚐後你更會發現這裡的用料可是特別豐富，真可說是「三媽臭臭鍋」的模範店呢！

> 加盟的好處是節省了很多自己摸索的時間，但還是要付出相當的心血與用心，才會進步。

心路歷程

　　開「三媽臭臭鍋」店之前，黃老闆在電器行做了八年，因為景氣不好，於是開始考慮有哪些行業可以賺錢。在一次偶然的機緣下，他吃到「三媽臭臭鍋」，覺得口味實在不錯，因此起了加盟的念頭。當然做生意總得謹慎些，當時也有不少類似的火鍋店，最後黃老闆還是選擇了「三媽臭臭鍋」。黃老闆覺得「三媽臭臭鍋」的加盟金花得很值得，且由於名字特殊，消費者會比較好奇，進而有吃吃看的念頭。雖然目前「三媽臭臭鍋」的加盟店已經非常多了，但兩年前他剛加盟時，北投、士林一帶還只有他這一家。

　　黃老闆指出，加盟的好處是節省了很多加盟主自己摸索的時間，但是總店也只能教導加盟主生財器具的操作方式和食物基本處理法則，很多經營上的小撇步和口味上的控制，還是要由加盟主親自花時間和精神去研究、改進才會成功。此外就是多請教前輩，這也會受益很多。

　　而由於大部分的加盟主過去都是從事不同行業的人，黃老闆認爲在面對各式各樣的客人時，要努力轉換心態以客爲尊。如果客人有任何要求，甚至對食材有特殊要求，只要先通知，黃老闆一定會努力配合。就算是在忙碌時，實在沒法做到，他也會向客人解釋，通常客戶也能接受。而爲了怕人多時客人排隊太久，黃老闆也會請客人先在店外點餐，以加快食物的準備。而這總總的用心只是爲了讓客人感到滿意，想要再度光臨。

經營狀況

 命 名

　　「三媽」是丈母娘，「臭臭鍋」是招牌食物。

　　「三媽臭臭鍋」的總店原本只是南部一家小攤販，但在所有販賣的食品中，有一項將臭豆腐拿來當作煮火鍋的食材口味最爲特別，即使在今天看來，這項食品依舊頗具特色。由於小店的生意好，老闆有了擴大加盟的想法，既然如此總得爲加盟店取個響亮的

名字。據說由於老闆和丈母娘的關係一直處的不錯，而丈母娘在家排行老三，人稱「三媽」，店裡賣的招牌食物既是「臭臭鍋」，於是就有了「三媽臭臭鍋」的稱號。而這個響亮又特別的店名，確實讓很多人印象深刻。

在夜市裡，「三媽臭臭鍋」特別又明亮的招牌，永遠會引起遊客的注意。

 ## 地 點

位居士林廟口旁，正是人潮洶湧的黃金地段。

黃老闆的「三媽臭臭鍋」，就位於士林夜市廟口的右側，算是人潮洶湧的黃金地段。由於「三媽臭臭鍋」的定價統一，一律90元，非常符合士林夜市的平價消費市場。加上聰明的黃老闆還特別製作了好看的食物模型，讓「三媽臭臭鍋」的豐富用料一眼就被消費者看見，於是每逢華燈初上，原本已經夠擁擠的夜市小巷，這時更出現大排長龍的壯觀景象，且這種景況幾乎連夏天也不例外。看著每個客人吹著極強的冷氣，吃著熱呼呼的火鍋，這景象真是令人嘖嘖稱奇。

租金

人潮不少,租金也不低。

地點好,租金自然也不會太便宜,以35坪的店面來說,每月租金就高達12萬元。但是看到為數眾多的客人蜂擁而至,想來這樣的租金花來還算值得,因地點好而增加的營業額,應該是遠遠大過租金。但據黃老闆表示,士林夜市的搬遷,確實影響了附近商家的生意,目前人潮明顯較夜市搬遷前少了許多。

硬體設備

不給加盟主太多限制,讓大家可以自由創新。

所有工作檯上的東西,都已經包括在創業的60萬中,其中包括瓦斯爐台、大小鍋具、小火鍋等,加盟主不必太過費心。若

寬敞舒適的用餐空間,讓顧客能夠輕鬆自在的用餐。

要添購其他生財器具,總店也會代為介紹供應商。店裡的裝潢和冷氣設備則需店家自行負擔。總店只有原則性的規定,如桌子的高度不超過70公分,希望在不過分約束加盟店家的情況下,創造屬於公司的統一形象。

食材

食材眾多，管理不易。

「三媽臭臭鍋」的食材，算是比較多樣而複雜的。大體上包括臭豆腐、鴨血、高麗菜、內臟、豆皮、皮蛋、金針菇、鳥蛋、貢丸、韭菜、大腸、酸菜、蛤蜊、沙茶、高湯、豆瓣醬、蒜蓉、辣醬等。在這些食材中，主物料是向公司進貨，口味只有4種，即是「大腸臭臭鍋」、「泡菜鍋」、「海鮮豆腐鍋」和「鴨寶鍋」，但鍋中的輔助材料則是靠加盟主自己搭配，可隨季節和口味加以變換。在食材的選購方法上，黃老闆表示，青菜一定要選新鮮的，肉要選五花肉才會好吃。

由於材料種類很多，而要將這些食材不同的鍋品，一一放入鍋中且要放的漂亮，也是一門學問，店家在管理和訓練上確實需要多費心。

「大腸臭臭鍋」是三媽的招牌之一，料多味美，讓許多人吃過還想再吃。

成本控制

高湯是口味的精華，輔助食材由店主自購。

別看這家店也不算太大，裡裡外外的工作人員就多達15人。主

要是因爲內場和外場都需要人手，有人要洗菜、有人要排菜、有人負責烹煮、有人要招呼客人和整理場地。

在食材方面，總店主要提供的是高湯，因爲高湯決定了臭臭鍋食物的基本味道，其他的青菜、肉片和配料則可由店主自由發揮、自行採購。但不論用料如何，「三媽臭臭鍋」的總店對價錢有統一規定，不過因考慮到南北消費水準的不同，因此南部統一定價爲80元，北部則爲90元。

口味特色

大腸臭臭鍋是招牌，3種醬料口味獨特。

由於臭豆腐特殊的口味，讓喜歡吃的饕客，總是垂涎不已，但在料理的方式上，市面上見到的多半是用炸的，也有些用蒸的，唯獨「三媽臭臭鍋」是把臭豆腐拿來煮，而且口味不錯，頗受歡迎。至於「泡菜鍋」酸酸甜甜、「海鮮鍋」清淡有料，「鴨寶鍋」有中藥的味道，也都很受歡迎。

而在口味上，黃老闆還特別注意到南部口味較重，北部口味較淡，因此在沙茶的用量上也放的較少。他表示要時時注意客人的口味加以調整，才能讓生意愈來愈好。

食用各種鍋品時，還可依個人口味搭配店裡特製的3種醬料：豆瓣醬、蒜蓉醬以及辣醬食用，讓風味更佳喔！

客層調查

學生客人最多，口味男女不同。

　　這裡的學生客人很多，平價和用料豐富是主要的原因，但在客層的分布上，幾乎是各種年齡層的客人都有，且熟客就佔了九成左右。一般而言，女生最喜歡吃泡菜鍋，男生比較喜歡吃口味較重的大腸鍋，中年人則喜歡口味較清淡的海鮮鍋，有淡淡中藥口味的鴨寶鍋冬天也很受歡迎。而除了來店的客

料多實在，口味清淡的海鮮鍋，據說是女士們的最愛。

人，每天外帶的份數有50至100份，外送的份數將近有50份。

未來計畫

設立網站，加強與客人的交流。

　　為了讓店裡的生意更好，過去店裡就經常會做些促銷的小活動，像是與學校的社團合作發些優惠券等。為了擴大與客人的交流，黃老闆未來想建立自己的網站，希望讓客人可以更容易瞭解店裡的訊息，並加強和客人之間的聯繫。

創業數據一覽表

項　　目	說　　明	備　　註
創業年數	2年	
創業基金	600,000元	不包括裝潢費用
坪數	35坪	營業面積7～8坪
租金	120,000元	
座位數	80位	
人手數目	15人	兩班制
每日營業時數	14小時	
每月營業天數	30～31天	
公休日	無	
平均每日來客數	700人	不包括外送和外帶
平均每日營業額	76,500元	
平均每日營業成本	23,000元	
平均每日淨利	53,500元	
平均每月來客數	21,000人	
平均每月營業額	2,295,000元	
平均每月進貨成本	650,000元	
平均每月淨利	1,645,000元	

★以上營業數據由店家提供，經專家粗略估算後整理而成。

三媽臭臭鍋

度小月系列

加盟
Money 篇

成功有撇步

　　地點好幾乎是決定了一切，但是還有很多經營的小地方也要注意，因為總店只提供湯頭和基本的煮法，因此店主必須要特別用心注意每道素材的特色，也要注意各地區不同的口味，食物品質的管理非常重要。

　　而除了食物，在店面的裝潢上黃老闆也力求改進，斥資五、六十萬，為的就是給客人一個舒適的用餐環境，並要求所有的工作人員，要穿著整齊的制服，不能抽煙，對客人要有禮貌，服務也要親切。

　　黃老闆也建議，有意加盟者，在加盟之前應該多請教前輩，不論是在經營的方式上，或是口味的調配上都有很多學問。而且很多加盟主因為之前都是餐飲業的外行人，面對業態的改變心理要有準備，因為客人的種類實在很多，要求又都不同，加盟主要努力轉變自己過去的心態，盡量以服務客人為重。

★ ★ ★ ★ ★ 加盟條件 ★ ★ ★ ★ ★

創業準備金	網址
保證金	無
加盟權利金	60萬
包括生財器具技術轉讓金	無
生財器具裝備	無　包含在加盟權利金中
拆帳方式	無
月營業額	依地點不同而不同
回本期	約6個月
加盟熱線	0800-040040
網址	無

大腸臭臭鍋 做法大公開

作法大公開

★材料

項　目	所 需 份 量	價　格
鴨血	1個	8元
高麗菜	1個	15元
內臟	1斤	65元
豆皮	1包	市價
皮蛋	1顆	4元
米血	1斤	65元
韭菜	1斤	26元
金針菇	1包	10元
鳥蛋	1斤	43元
貢丸	1斤	50元

★製作方式

1 前製處理

將青菜、內臟清洗、切塊，置放待用。

2 製作步驟

1 先將臭豆腐、大腸、高麗菜、韭菜、金針菇、肉片等食材全部放入鍋中。

2 將沙茶置於食材的
最上方。

3 將特製的高湯倒入
鍋中，將沙茶一起
沖入食料中。

4 以長柄小匙按壓食
物浸入高湯中熬
煮，讓所有材料都
可以吸收到湯的美
味。

5 3～5分鐘後將小盤
夾起，置於小爐
上，大腸臭臭鍋就
可以上桌了。

度小月系列

加盟
Money
篇

9

115

在家DIY小技巧

　　「三媽臭臭鍋」有提供外賣的素材，供消費者自己回去煮，店主已經體貼的將湯、材料、沙茶、配料，分別包裝，客人只要依指示製作即可。但通常為了讓臭豆腐的香味溢出，因此煮愈久會愈好吃，但是海鮮鍋可不行，熟了就要立刻起鍋，否則會愈煮愈鹹，海鮮的肉質也會變硬影響口感。

　　「三媽臭臭鍋」的獨家祕方自然就在高湯，而既然是商業機密，當然是無緣得知。但在烹煮上，如果煮的是大腸臭臭鍋，一定記得要把豆腐擺在最下層，因為臭豆腐的味道一定要燜久些才會出來。

美味見證

　　這裡的口味真的不錯，一個星期總會來個1-2次，最喜歡吃的是海鮮鍋，因為口味比較清淡，泡菜鍋的味道也很喜歡。

王小姐
年紀保密
早餐店老闆

報馬仔

公司名稱	三媽臭臭鍋
成立時間	民國87年11月1日
公司地址	彰化縣員林鎮中山南路37號
負責人	張宗陽
資本額	不便透露
加盟金	60萬元
全省每月營業總額	不便透露
保證金	2萬元
加盟店家	約300家
加盟專線	0800-040-040
產品系列	臭臭鍋系列
加盟條件	一家店要以4萬人口為基礎
聯絡電話	04-836-8225
網站	無
電子信件	無

源士林粥品

口味多樣價實在
魚蝦花枝鮮食材
慢火熬煮易消化
粥中極品老饕愛

DATA

老闆：馬益承
店齡：4年多
創業基金：約35萬（特許加盟）
人氣商品：粥霸（70元/碗）
每月營業額：75萬元
每月淨利：45萬元
營業時間：每天24小時
店址：台北縣中和市中和路47號
電話：02-2243-8003

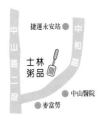

美味評比	★★★★★
人氣評比	★★★★
服務評比	★★★★
便宜評比	★★
食材評比	★★★★★
地點評比	★★★
名氣評比	★★★★
衛生評比	★★★★

源士林粥品

雖然現在各國的美食都紛紛引進台灣，但有些飲食的傳統依舊不容易改變，像是台灣人味覺裡對稀飯的記憶，總有著一定的份量。但是隨著工商時代人們步調的日趨加快，要好好花上幾個小時熬碗粥食用，恐怕已經是難得的享受。

　　所謂發明起於需要，生意何嘗不是。不知從什麼時候起，街頭巷尾出現了一些專賣粥品的餐車或是小店面，讓喜歡吃粥卻沒時間煮粥的人，有了方便的選擇。

　　而且裡面賣的可不只是白米熬煮的白粥而已，各種口味的粥品，無論是海鮮類或是肉類的粥品，像最著名的廣東粥、皮蛋瘦肉粥、布拉魚粥等，都被發展出來。轉眼之間，粥品成了兼顧營養與

源士林的粥品兼顧營養與美味。

美味的現代美食，加上統一設計乾淨方便的外攜式紙碗，更是讓忙碌的現代人，可以帶著就走。而且一碗粥下肚，就同時吃下了所有人體需要的營養，難怪粥品到處都受到歡迎。

心路歷程

　　賣粥之前，李老闆已經有在海產店服務4年的經驗。雖然同樣是餐飲業，卻有很多不同的地方，主要是因為在海產店工作時，是受雇於人，只要負責自己的工作就好了。但是決定創業開始賣粥後，因為是自己的事業，所以大大小小的事情都要管，要摸索工作的方式、要管貨、要管人、要管錢，還要招呼客人，總之大小事情一大堆，加上每碗粥都要現場料理，剛開始料理速度又慢，因此經常忙的團團轉。如今李老闆已能應付自如，製作一碗粥只要30秒不到的時間，平均一小時就做出超過150碗粥，確實不容易。

工作雖然不輕鬆，但總是自己的生意。

此外，由於持之以恆的經營，24小時的全天候服務，和親切的服務態度，也讓李老闆的店裡漸漸累積出一些基本的客人。正是靠著這些常客，多少讓店裡的生意日趨平穩，工作雖然不輕鬆，但總是自己的生意。

經營狀況

 命名

命名是請算命士量身打造的。

很多人可能會以為「源士林粥品」一定和士林有著什麼淵源，答案卻出人意料，兩者之間是一點關係也沒有。

源士林粥品的本店是位於板橋三民路上的一個小攤，最初是因為老闆弟弟軍中的幾個好友，退役後看到老闆的哥哥所經營的粥品生意做的不錯，也想做看看賣粥的生意，並提議由老闆負責供應各店的食材，所謂加盟也就是從這時候開始的。

為了取一個統一的名字，老闆還請來算命士，算出了「源士林

「粥品」這個名字，雖然與士林沒有多大的淵源或是意義，但肯定是個好名字。

地點

緊鄰幹道旁，醫院和麥當勞帶來客人。

李老闆的「源士林粥品」店所在的位置算是當地的主要幹道，來往的車輛和人群很多。附近又因有中山醫院和麥當勞而聚集了不少人潮，晚上也因靠近遊樂場所，所以有不少客人聚集。在交通方面，這裡距離捷運景安站也不算遠，從捷運下車後，轉搭一段公車，5分鐘內即可抵達。另外，想順道散散步的話，走路也是不錯的選擇。

租金

租金成本相同，營業時間愈長賺愈多。

店面約是7～8坪大小的面積，租金一個月就要花上六萬三千元（共有三層樓），在整個月的營業成本中佔了不算小的比例。因此在觀察附近晚上也有不少人潮的情況下，李老闆認為反正租金都花了，自然是營業時間愈長，提升營業額的機會也就愈高，因此營業時間就從原本早上10點到晚上1點休息，之後延到2點打烊，到最後乾脆24小時營業，想來李老闆確實是經營有方。

硬 體 設 備

工作動線設計順暢，制服整齊，管理有制度。

整個工作檯都是總公司設計和提供的，工作檯靠最外面的部分，是所有食材的置放區，由於是放在透明的玻璃櫃內，同時具有向客人展示豐富食材的功能。工作檯的動線設計流暢，從最前方的食材區將食材取出後，就可直接置於瓦斯爐上方的鍋中熬煮，敲碎的蛋殼，可直接甩向後方的垃圾桶內，就是因為動作的順暢，才能讓煮粥的時間不到30秒。而除工作檯外，舉凡置物架、大小鍋具、長柄瓢、罐子等一應俱全。又為了讓客人有更統一的感受，公司也設計了不同季節的制服，和統一的店面招牌，讓店面的管理看起來更有制度。

 食 材

貨源穩定，所有物料不需再經處理。

舉凡店裡會用到的食材，如花枝、蝦仁、吻仔魚、牡蠣、豬

肝、瘦肉等生鮮，大概所有的食材都是向總公司進貨的，這也是加盟最大的好處，總部提供了穩定的貨源和便宜的物料，也提供料理這些食材的技術，因此加盟主不需要花太多時間就可立刻上手做起生意，也不需擔心日後貨源不足或材料費不穩定的問題。

 ## 成本控制

人力巧安排，其他不複雜。

在人事上工作人員共有4人，分三班輪班，每班至少要維持2個人的人力，由於粥品要現場製作，人員還要經過訓練，工作環境又熱，人真的很不好請。

而食材都是由公司提供，因此貨源和進貨成本都很穩定，租金成本只要房東不漲價，也都是固定的開銷。其實加盟小吃店，成本的控制並不複雜，只是要學習了解做生意的訣竅，依生意的多寡控制進貨即可。

 ## 口味特色

「粥霸」是粥品中的海霸王，豐富又大碗。

「粥霸」這裡的特色，算是極眾多美味於一身的頂級粥品，有

魚、有肉，又有蛋，用料豐富又
營養。而除了「粥霸」，這裡的
廣東粥也頗受歡迎，廣東粥
內有新鮮的花枝、蝦仁，營養
的豬肝、瘦肉、雞蛋，以及口
感香脆的油條。當然以上兩種粥
品都是重量級的總匯型粥品，如果喜
歡口味清淡些的朋友則可選擇布拉魚

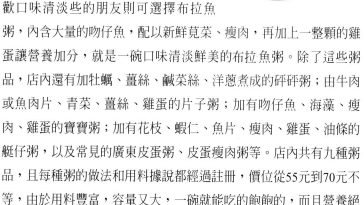

粥，內含大量的吻仔魚，配以新鮮莧菜、瘦肉，再加上一整顆的雞
蛋讓營養加分，就是一碗口味清淡鮮美的布拉魚粥。除了這些粥
品，店內還有加牡蠣、薑絲、鹹菜絲、洋蔥煮成的砰砰粥；由牛肉
或魚肉片、青菜、薑絲、雞蛋的片子粥；加有吻仔魚、海藻、瘦
肉、雞蛋的寶寶粥；加有花枝、蝦仁、魚片、瘦肉、雞蛋、油條的
艇仔粥，以及常見的廣東皮蛋粥、皮蛋瘦肉粥等。店內共有九種粥
品，且每種粥的做法和用料據說都經過註冊，價位從55元到70元不
等，由於用料豐富，容量又大，一碗就能吃的飽飽的，而且營養絕
對夠。

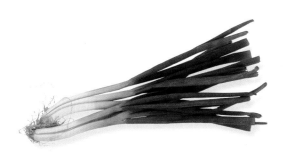

 ## 客層調查

大家都愛吃的美味，沒有特別的客層。

據李老闆表示，來店裡吃粥的客人男、女都有，似乎並沒有固定的族群，幾乎是各種年齡層都有。客人主要是來自附近辦公大樓的上班族，還有醫院和遊樂場等地的民眾。

 ## 未 來 計 畫

找到店長和地點，就再開一家。

李老闆確實有心想要再開一家店，但他也表示由於粥是現煮的食物，現場的管理就很重要，也就是除非找到一個好店長，否則就算想開新店也沒辦法。此外，地點也十分重要，李老闆並不排斥在其他的商圈開業，但是地點一定要找有辦公大樓、十字路口或是商圈等人潮聚集之處，住宅區通常是不適合的。

 創業數據一覽表

項　　目	說　　明	備　　註
創業年數	4年多	
創業基金	350,000元	
坪數	30坪	營業面積約8坪
租金	63,000元	共三層樓
座位數	18位	以外帶居多
人手數目	4人	三班制
每日營業時數	24小時	
每月營業天數	30～31天	
公休日	無	
平均每日來客數	500人	
平均每日營業額	25,000元	
平均每日營業成本	10,000元	
平均每日淨利	15,000元	
平均每月來客數	15,000人	
平均每月營業額	750,000元	
平均每月進貨成本	300,000元	
平均每月淨利	450,000元	

★以上營業數據由店家提供，經專家粗略估算後整理而成。

源士林粥品

度小月系列

9

Money

加盟篇

成功有撇步

因為是經營餐飲業，食物品質最為重要，為了達到這個要求，負責食物品質的廚師的訓練和穩定性也就格外重要，但這裡的廚師又不能只顧內場，還要同時招呼客人，因此在人員的尋找上格外不易。

做生意一定要持之以恆，如果很隨性的做一天算一天，不想做就休息，讓客人幾次前來店都沒吃到東西，客人就不會再來了，也有很多店主因為自己當了老闆，才幾天生意不好，就開始怠惰下來，開業時間愈來愈晚，晚上看沒有客人就早早打烊，營業時間沒有規律，或是愈來愈短，這都是做餐飲業的致命傷。

而總店原本有發給制服，這裡也要求工作人員一定要穿上，這樣才會讓客人感到有制度。遇到經濟不景氣，除了照顧好來店用餐的客人，還得更積極的到附近的証券行、銀行、醫院發傳單，以招攬更多需要外送服務的客源。

★ ★ ★ ★ ★ 加盟條件 ★ ★ ★ ★ ★

加盟形式	委託加盟	特許加盟
創業準備金	35萬	資產歸總公司所有
保證金	無	無
加盟權利金	6萬	20萬
技術轉讓金	無	無
生財器具裝備	15萬	資產歸總公司所有
拆帳方式	營業額的13%	營業額的10%
月營業額	25-60萬	25-60萬
回本期	2-10月	2-10月
加盟熱線	0800-040040	
網址	無	

粥霸 做法大公開

作法大公開

★材料（以下的數字係店家每次進貨的基本數量）

項 目	所 需 份 量	價 格
花枝	1包（2公斤）	160元
蝦仁	1包（2公斤）	285
魚片	1包（2公斤）	112
豬肝	2公斤	80
瘦肉	1包（2公斤）	120
雞蛋	1箱	市價
皮蛋	1箱	市價
油條	1大包	市價

★製作方式

1　將粥加熱，放入
　一整顆皮蛋和瘦
　肉片。

2　再加入魚片、花
　枝和蝦仁。

3　豬肝不能煮太
　老，因此要最後
　加入。

4 加入一整顆雞蛋。在家中烹調時，可以先打散之後再加入。

5 將所有食材一起拌攪加熱，記得要大火快煮以確保食物鮮美。

6 將煮好的粥倒入容器中就完成了。

7 料多味美的粥霸，讓人胃口得到滿足。再加上一些白菜，營養更是滿分。

在家DIY小技巧

　　粥要煮的快又好，利用燜燒鍋應該最適合，既省時間又能讓米粒完全熟透。米煮好了，要添加什麼料，就添加什麼料，只要注意次序和新鮮度，應該都能做出好吃的粥品。

獨家祕方

　　食物放入粥品的秩序一定要特別注意，像是海鮮類產品可以先放，但易熟的豬肝就一定要晚點放才不會太硬。

美味見證

大良 32歲 業務

　　本來就很喜歡吃粥，這裡粥的口味又很好，主要是因為用料實在，份量很夠，吃了很有飽足感。

報馬仔

公司名稱	源士林粥品
成立時間	民國85年
公司地址	台北縣中和市立德街148巷2號4樓
負責人	陳勇伸
資本額	5百萬元
加盟金	20萬元
全省每月營業總額	1千2百萬元
保證金	60萬元
加盟店家	北部：60家
	中部：25家
	南部：7家
加盟專線	0800-040-040
產品系列	廣東粥品系列
加盟條件	不限
聯絡電話	02-3234-8963
網站	無
電子信件	Usl.com＠msa.hinet.net

咕咕雞

店名響亮容易記
夜市商圈爭第一
雞肉醃製有訣竅
皮脆肉嫩高獲利

DATA

老闆：鄭益隆
店齡：近4年
創業基金：15萬（餐車型）
人氣商品：炸雞排（35元/份）
每月營業額：38萬元
每月淨利：20萬元
營業時間：平日17:00～24:30
　　　　　假日17:00～凌晨1:00
　　　　　星期一公休
店址：台北市龍泉街54號前
電話：無

美味評比　★★★★☆

人氣評比　★★★★☆

服務評比　★★★★☆

便宜評比　★★★★☆

食材評比　★★★☆☆

地點評比　★★★★☆

名氣評比　★★★☆☆

衛生評比　★★★☆☆

咕咕雞

和平東路一段

台灣大學
師範大學

師大路

昆明街

咕咕雞

　鹽酥雞算是台灣小吃攤中歷久不衰的一個行業，經常可見街頭巷尾有一兩家類似營業型態的小攤販。如果你不想花那麼多的錢去買一塊麥當勞或是肯德雞的炸雞塊，咕咕雞就是最物美價廉的選擇。

　　由於選擇繁多，消費者吃多了各家口味，可說個個是行家。炸雞皮要脆，但裡面的肉千萬不能乾乾的，鮮嫩多汁才符合標準，而且肉的調味也要合口味才能吃上癮，由這些嚴苛的標準可以想見這個行業競爭之激烈。

　　「咕咕雞」於民國84年創業，87年開放加盟至今，在這個鹽酥雞的全面戰國時期，全省竟成立了200多家加盟店，應該算是小有

度小月系列 2

加盟
Money 篇

成績，小成本賺大錢固然是其加盟成功的原因，但能讓師大、台大學生，免費在網上「吃好到相報」的美味，可能才是其歷久不衰的主因。你已經吃膩了鹽酥雞嗎？試試「咕咕雞」，也許會有不一樣的感覺。

如果不想花太多錢去買麥當勞或肯德雞的炸雞塊，咕咕雞就是物美價廉的選擇。

心路歷程

　　由於原本擔任業務經理的工作，在經濟不景氣下，鄭老闆決定加盟咕咕雞。面對長時間的工作，倒還能習慣，但和客人的對應關係畢竟和現在不同，面對形形色色的客人，各有各的口味要求，此時只得收起自己的小個性，調整心態，以服務客人為重。鄭老闆表示做小生意前，調整心態是一門重要的功課。此外，由於咕咕雞業者需要面對高溫的工作環境，冬天也許還過的去，一到夏天還真是可以能讓人揮汗如雨，這也是想加入此行者要有的心理準備。

　　開店至今已4年，目前收入算是穩定。經營「咕咕雞」成功的原因，主要還是咕咕雞的口味不錯，因為營業至今，除了不定期和

面對形形色色的客人及各式的要求，只得收起自己的脾氣，以服務客人為重，所以做小生意前，調整心態是一門重要的功課。

公司配合做些特價活動外，其他的客人都是靠口耳相傳而來。據說在師大的網站上，這家咕咕雞可是赫赫有名呢！當然有同學們的大力支持，生意才會蒸蒸日上，所以每逢附近學校開學或是有大型活動之際，老闆也會對一些校內刊物做些小小的贊助，三不五時登個五百元到一千元的小廣告，算是「敦親睦鄰」啦！

經營狀況

 命名

雞仔「咕咕」叫，好記又好聽。

其實大概一看「咕咕雞」的名字，就能明白命名的由來。沒錯，就是使用常用的口語發音。「咕咕」既是雞的啼聲，發音響亮又容易記，因此要為一家炸雞店取名，還有什麼比「咕咕雞」更貼切的呢？

度小月系列

加盟
Money
篇

 ## 地 點

位居師大夜市內，愈夜人愈多。

　　拜師大學生之賜，師大校園附
近出現了一個小小的夜市商圈。整
體而言，這個商圈的食品好吃又不
貴，即使不是學生，許多人也會特
意來這附近逛逛。雖然經濟不景氣
對生意多少有些影響，但入夜後這
裡的夜市總會湧現人潮。若是遇上
週末、假日，那人潮就更多了，這
也是鄭老闆選擇在此承租攤位的主
因。

師大夜市每到夜晚，學生跟遊客會越
來越多，可真是越夜人潮越洶湧！

 ## 租 金

寸土寸金價位高，一切盡在方寸間。

　　雖然地點不是一級好，但是好歹也是位在師大夜市內，因此營
業面積，不過就是一台餐車和一個冰箱的大小，加上一個小小的工
作桌，大約只有2～3坪的空間，租金每月就要2～5萬，眞是不便
宜。也因爲這樣，雖然原本咕咕雞也有燒烤的口味（先炸再烤），

但是要另設烤檯，這家小小的「咕咕雞」攤位已經沒有更多的空間了，所以鄭老闆還是選擇只賣油炸口味的咕咕雞。但別以爲這裡要付租金就沒有被開罰單的憂慮，事實上租金雖然付給了屋主，還是有警察會開罰單的，這應該也是一種變相的租金成本吧。

硬體設備

總公司負責基本設備，其他額外設施，可另行添購。

加盟的好處就是不用自己爲每件小事傷腦筋，只要加盟「咕咕雞」，除了必備的工作餐車，舉凡公司識別標示、全自動控溫式油炸雞、檯面滴油盤、以及工作檯上大大小小的方盤、畚斗盤、剪刀、分裝桶、大夾子、小夾子、大薯網、小薯網、細油渣網等，還有胡椒罐、辣椒罐也都由公司全數提供。可分開冷凍冷藏四門專業型冰箱則需外加3萬，當然如

咕咕雞企業形象不只在招牌上，連裝食物用的紙袋也一起統一。

果加盟主還希望能加個洗水槽、幾張椅子或是加個計時器，只要額外加些錢，向總店爲加盟主介紹的供貨廠商購買即可，輕鬆不麻煩。

食材

各式雞肉、薯餅、薯條和海鮮。

食材都由中央廚房供應，一向最受歡迎的雞排、雞肉，進貨時都是已經醃製好了，加盟主只要在賣出前，先將醃製好的雞排或雞肉沾上炸雞粉，放入油鍋中炸熟即可。這樣不但可讓加盟主的工作輕鬆些，也才能確保咕咕雞的好口味。其他食材也是如此，不過就是略微加工，像是甜不辣，為了要讓口感更好，加盟主要將大塊的甜不辣，剪成一小塊一小塊，這樣經過油炸後，才會更酥脆，而且所有食材，為了銷售時的順暢和省時，在擺攤前都要預先炸過。目前咕咕雞提供的口味有雞胸排、雞腿排、香嫩雞尾、鹽酥雞胸丁、鹽酥雞腿丁、脆皮雞翅、雞爆米花、黑胡椒雞塊、甜不辣、薯球、薯塊、波浪薯條、玉米布丁酥、微笑薯餅等。另外「咕咕雞」除了賣雞，也提供花枝丸、魷魚肉圈，讓客人有更多樣的選擇。

成本控制

食材、耗材成本穩定，人力需求要巧安排。

在食材方面，雞排每片的成本約在18到22元間，雞腿排會貴一些，每片約在20至25元間，其他如甜不辣5公斤裝140元、雞肉10公斤550元等，標價清楚、價格穩定，其他的耗材，如經常要更換的

沙拉油，售價500元，每桶18公升，
瓦斯的費用也要記入成本中。在人
事成本的控制上，老闆的建議是當一
天的營業額在2000元到3000元之間
時，大概一個人就忙的過來，當營業額
一天超過8000元時，除非是做的十分熟悉了，否則可能真的要兩個
人才忙的過來。而店面的租金成本絕對是最重要的一項成本，因此
在選擇地點時，有時候必需在人氣和租金間要做一個適當的衡量。

口味特色

這裡的咕咕雞有有蒜味、咖哩味、海苔味喔！

坦白說，國內賣鹽酥雞的小攤販，幾乎已經到了氾濫的程度。
也因此在這樣競爭的環境下，要做出自己的特色就更困難了。「咕
咕雞」目前加盟店數已經達到兩百多家，口味自然是致勝關鍵。咕
咕雞的雞肉，皆經過中央廚房以特製醃醬醃製而成，醃醬的味道甜
鹹適中，很受客人歡迎，而雞肉經過適當時間的油炸，表面呈現酥
脆的口感，但一口咬下雞肉又鮮嫩多汁，不會乾澀難嚥，這正是最
完美的雞排口味組合，皮脆、肉嫩、味鮮美。而平凡的甜不辣經過
處理後，變得很好吃，這裡的甜不辣每塊的面積不大，正因如此才
可炸的酥脆又蓬鬆，預算不太夠，又想吃點好吃的零嘴時，甜不辣
是不錯的選擇。如果吃膩了雞肉，這裡也有好吃的花枝條，口感香

脆、有嚼勁，也是不錯的選擇。

　　而店裡和其他家鹽酥雞店最大不同應該是所提供的調味料，除了一般鹽酥雞店會提供的胡椒、辣椒，店裡還有蒜味、咖哩味、海苔味的調味粉，多灑一點就會發現味道很不一樣喔！有機會一定要試試，這才是行家吃法。

客層調查

學生最多，流動客也有。

　　師大、台大的學生自然是這裡的最佳客源，因此通常下午六點學生放學的時候生意也最好，過了這個時段，晚上近十點左右，又有一批客人，主要自然是吃宵夜啦！當然，除了學生，來逛夜市的流動客人也不少，但還是老客人居多。

未來計畫

努力再努力。

　　鄭老闆表示，由於經濟不景氣，生意多少受到一些影響，但目前這個點的位置還算理想，因此也不打算換到別的地點經營。如果真要說未來有些什麼計畫，就是更努力把生意愈做愈好，如果生意真的很好時，也可再請一個人來幫忙，自己就可以輕鬆一些。

創業數據一覽表

項　　目	說　　明	備　　註
創業年數	4年	
創業基金	150,000元	
坪數	2～3坪	
租金	25,000元	
座位數	無	
人手數目	1～2人	有時太太會協助
每日營業時數	約8小時	
每月營業天數	25～26天	
公休日	無	
平均每日來客數	200人	
平均每日營業額	15,000元	
平均每日營業成本	6,000元	
平均每日淨利	9,000元	
平均每月來客數	6,000人	
平均每月營業額	380,000元	
平均每月進貨成本	180,000元	
平均每月淨利	200,000元	

★以上營業數據由店家提供，經專家粗略估算後整理而成。

咕咕雞

成功有撇步

　　做小生意的第一原則，就是客人至上。不要覺得客人麻煩，周到的服務是留住客戶的關鍵。而且若能主動詢問「要不要加辣？」「胡椒粉要不要多一點？」「雞排要不要分開裝」等等，感覺就更好了，客人一定會覺得老闆實在太貼心啦！

　　當然做生意一定要努力，不管夏天是否生意比較差、工作比較累都還是要做下去，才會成功。但只是努力還不夠，還得有些小技巧，像鄭老闆就直接為消費者設計好了A套餐、B套餐，每種套餐會比分開點餐的內容便宜5元左右，簡單說就是模仿麥當勞套餐的做法，這樣的好處是縮短了客戶點餐的時間，讓老闆可以照顧到更多的客人，同時也讓食材集中在某幾項人氣商品，對於進貨量的估計和食材的處理都會有所助益。

★ ★ ★ ★ 加盟條件 ★ ★ ★ ★

加盟形式	餐車型	店面型
創業準備金	10萬	35萬
保證金	無	
加盟權利金	3萬	10萬
技術轉讓金	無	
生財器具裝備	7萬 （烤爐另加2萬）	25萬 （坪數4～5坪，烤爐另加2萬）
拆帳方式	無	
月營業額	12-30萬	
回本期	2～6月	
加盟熱線	02-8866-1141	
網址	kukug@ms52.hinet.net	

炸雞排

做法大公開

作法大公開

★材料

項　目	所　需　份　量	價　格
炸雞排	一片	18～22元
炸雞粉	1包	200元

★製作方式

1 前製處理

　　咕咕雞的中央廚房已經將雞排先以特殊醃料醃製好，才能有咕咕雞的獨家口味。如果要在家自己做，目前超級市場也有不少處理好的炸雞排或炸雞塊可以選購。自己在家炸雞排時，由於處理雞的環境，並不是在專業零下4～5度的冷藏環境中處理，因此為避免細菌滋生影響雞肉的新鮮度，最好是在雞隻被殺後，一個小時內將雞肉作處理，處理的方式是以適合口味的醬料醃製，冷藏1至2小時，且在日後解凍使用時一調要在一天內用完，才不會滋生病菌。

2 製作步驟

1 將雞排雙面沾滿適量的炸雞粉。

2 將沾滿炸雞粉的雞排放入油鍋中油炸約3分鐘。

3 將油炸過後的炸雞排加上調味粉就完成了。

4 剛炸起來的雞排香味四溢，食用時要小心肉汁燙嘴喔。

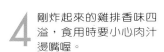

咕咕雞

在家DIY小技巧

如果想要在家自己作炸雞塊，最簡易的方式自然是去超市買現成的炸雞塊，只要回來放進油鍋炸一下就好了，另外超市也有賣炸雞粉，用新鮮的生雞肉（不需經過醃製）沾上炸雞粉，放進油鍋炸個幾分鐘就好了，而且味道不錯喔！

獨家秘方

如果您覺得每家炸雞的口味都大同小異，告訴你這裡有不一樣的，有咖哩口味、海苔口味、起司口味、香蒜口味的雞排，做法很簡單，加上咕咕雞獨家調味粉就可以啦！此外，如果是設有烤櫥的「咕咕雞」加盟店，還有黑胡椒雞排醬、泰式酸甜醬兩種烤肉醬的選擇喔！口味不僅新鮮，也很獨特。

美味見證

邱若語 11歲

賣炸雞的店很多，但咕咕雞的味道特別好，雞排外皮酥脆、雞肉卻很鮮嫩，甜不辣味道也好，因此每次經過就會想買一點吃。

報馬仔

公司名稱	咕咕雞企業有限公司
成立時間	民國84年
公司地址	台北市中山北路5段811巷31弄2號
負責人	劉景行
資本額	500萬元
加盟金	3萬元（專案免加盟金）
全省每月營業額	不便透露
保證金	無
加盟店數	260家
加盟專線	02-8866-1141、0800-888829
產品系列	店面規劃、機器設備、炸雞物料
加盟條件	1. 現有店面或分租（各種行業皆可做複合式）。 2. 營業空間一坪，學校、社區附近或夜市。 3. 想以小資本投資創業者
聯絡電話	02-8866-1141、0800-888829（24小時專線）
網站	www.kukug.com.tw
電子信箱	kukug@ms52.hinet.net

龍門東山鴨頭

一滷二炸有嚼勁
傳統口味受歡迎
老少咸宜下酒菜
風味絕佳易上癮

DATA

老闆：燕博徽
店齡：1年
創業基金：約17萬
　　　　（保證金2萬，加盟金5萬，
　　　　生財器具10萬）
人氣商品：鴨頭（連脖子，35元/份）
每月營業額：約26萬
每月淨利：約18萬
營業時間：每天5:00～凌晨1:00
店址：中和興南夜市
　　　（興南路一段64號前）
電話：無

● 捷運南勢角站

🍳 龍門
東山鴨頭

美味評比　★★★★☆

人氣評比　★★★

服務評比　★★★★☆

便宜評比　★★★☆

食材評比　★★★☆

地點評比　★★★

名氣評比　★★★☆

衛生評比　★★★☆

龍門東山鴨頭

小小的攤車，只要用心經營，也可以賺大錢。

還記得東山鴨頭曾經在前幾年流行過一陣（作者我也是超愛吃東山鴨頭啦），後來也不知道是消費者的口味改變，還是店家的經營狀況不好，總之就是坊間能看到的店家愈來愈少，僥倖存活的似乎沒有幾家，現在突然想吃東山鴨頭還得想想哪邊有賣，至於要買到好吃的東山鴨頭那就更要事先打聽了。

　　總店位居淡水的龍門東山鴨頭於1964年就已經創業，但是一直到了2001年才開始開放加盟的業務，得以「活」得如此長久顯然是口味有獨到之處。中和的燕老闆表示，龍門東山鴨頭可是讓他一吃就上癮，所以才在很短的時間內立刻決定加盟。果然也拜龍門東山鴨頭的好口味所賜，即使他開店的地點不是人潮太多，竟也可以愈做愈好，還搶了附近一家老字號東山鴨頭不少客人。

> 靠自己的不斷摸索與改進，才研發出最合適自己的工作模式。

心路歷程

　　老闆燕先生在小小的一個攤位前，忙著一邊招呼客人，一邊把客人挑好的東西放入油鍋中油炸。油炸的高溫讓他汗流浹背，更隨時有被油渣炸到的意外發生，這從老闆手上的斑斑傷痕可以證明。

　　面對這樣不理想的工作環境，實在很難想像燕老闆原來可是某大休閒運動中心月薪八萬的管理部經理。但是經濟不景氣，公司裁員了，他又有家庭、有小孩，因此在一位已經在新莊加盟龍門東山鴨頭的朋友介紹下，燕老闆在兩個星期內就決定開店，而且是一離職就立刻開了這家店，速度之快令人咋舌。

燕老闆坦承，剛開始才做三天就想放棄。這也難怪，光想想過去穿西裝打領帶、在辦公室吹冷氣，又被客人尊重的過往，就足以讓人失去繼續奮鬥的鬥志。但是「賺的少，總比沒賺好」，燕老闆還是撐過來了。燕老闆表示，由於和過去的業態差距很大，雖然自己過去也不是沒有做家事的習慣，但是面對每天要擺攤、切、炸食物、收攤等反覆瑣碎的工作，他大概花了一個多月的時間，才漸漸的比較上手。舉個例子來說吧，剛開始光是每天收攤這個動作，燕老闆就要花上3至4小時，現在一個小時就足足有餘，期間靠的是燕老闆自己的摸索和不斷的改進作業流程，才發展出一套最適合他的作業方式。

經營狀況

命名

　　「龍」帶祥瑞，「門」表空間。

　　龍門東山鴨頭命名的由來非常的中國，「龍」是中國十二生肖中最具吉祥意義的生肖，這自然讓老闆非常的中意，而「門」字，不但有界定空間的意義，也有禮俗象徵的意義，兩者結合起來既吉祥又好聽，所以就有了「龍門東山鴨頭」的誕生。

地 點

離家不遠，離夜市也近。

坦白說相較於興南夜市裡的地段，這裡的人潮並不算太多，但是燕老闆覺得興南夜市大部分賣的是服飾，地點也不好租。這裡在夜市的入口附近，人潮雖較夜市內少了點，但租金卻便宜很多，加上離家不遠，做生意比較方便，又剛好有機會租到這個攤位，因此他就此選在這裡落地生根啦！

可是放眼望去，斜對角竟然也有一家在賣東山鴨頭的攤位，而且據說別人可是已經開店很久了。不過燕老闆表示，兩家的口味不同，而且有競爭才會有進步，而營業一陣子下來，也確實有些客戶逐漸流向這邊來買。

租 金

租金少一倍，留住客人有一套。

由於地點不在興南夜市範圍內，這裡的租金每月一萬二，足足比夜市內便宜一倍左右，因此在人潮、租金、食物價位及對自己所賣食物信心度的考量下，燕老闆立刻決定租下了這個小攤位。

小攤位大約只有一坪左右的空間，但面對附近的商家、來往的鄰居和前來的客人，燕老闆似乎總是能和他們貼心的聊上幾句，甚

至是熱情的打個招呼，看來燕老闆似乎擁有超人氣的魅力。大概就是靠著這些親切的問候，客人才能一個個的被吸引前來，且來過一次，就會繼續再來。

 ## 硬 體 設 備

除冰箱外，全部設備都由龍門東山鴨頭總店提供。

除了一萬六千元的冰箱外，燕老闆的所有生財器具都是由龍門東山鴨頭的總店提供，只要十萬元統統都買齊。內容包括最重要的不銹鋼餐車，代表公司統一形象的CIS企業識別系統招牌、圍裙、廚帽、產品銷售價格表，及工作所需的大大小小器具。從檯面滴油盤、不銹鋼油炸鍋、檯面大型不銹鋼置物盤、小夾子、大夾子、有手把的大小過濾網、剁刀、斬板、專用瓦斯爐、瓦斯管、油炸鍋大型細油濾網、小型細油濾網、瓦斯頭、點火槍、加深不銹鋼盤、客料盤、不銹鋼鍋蓋、圍油板、剪刀、鋼杯等，甚至連棉手套、塑膠手套、不銹鋼找錢盒、胡椒罐、辣椒罐、竹籤盒、置紙帶盒都不需加盟主費心，總公司通通一起提供。更貼心的是為了怕遇到下雨的日子，總公司還製作了一套餐車用的透明遮雨帆布，供加盟主在下雨天時使用。

而如果加盟主有特別的要求，如加大餐車規格、購買工業用冰箱，或是日後購買手套等消耗性物品，總公司也會以較低的進價替

加盟主代購，也就是說加盟主唯一要自購的東西就是每日要用的瓦斯和油而已。

食材

爲確保完美的口味，食材一律向總店批貨。

龍門東山鴨頭提供的食材共有15種之多，有鴨頭、鴨脖子、大腸頭、招牌甜不辣、鴨翅、鴨胗、黑豬肉貢丸、鴨屁股、鳥蛋、雞翅、雞腳、招牌米血、招牌豆乾、鴨舌頭、魚板等，都是由龍門東山鴨頭的總店固定提供。由於東山鴨頭前期的處理過程十分麻煩，

滷過再炸的美味，令人一吃難忘。

需要先經過滷製的過程，而爲了讓各地的龍門東山鴨頭都有一樣的好口味，這些製作過程都是統一由中央廚房處理，各店家只需負責油炸加熱、切塊、加調味料、裝入紙袋等幾個簡單的動作，因此燕老闆並沒有再增加其他的食材，而且爲確保完美的口味，店家也不會提供客人未經油炸的食材，讓客人回去自己油炸加熱食用，因爲油炸的時間會直接影響到食物的美味。

爲了促進買氣，有時龍門的總店會不定期的推出新口味刺激市場，也順便試探一下新口味推出的可能性，新口味的推出都是不收費的，但是幾次下來，據說還是傳統的口味最受歡迎。

 成本控制

> 總公司全都包，既省瓦斯，又省油。

在宣傳方面，開幕期間所有的宣傳和飲料贈送，成本皆由總公司吸收，此外也有不定期的宣傳，費用全由總公司負擔。而如果是單一家加盟主要進行促銷，飲料部分總公司也會協助加盟主代爲向批發公司取貨以降低進貨成本。若有宣傳品要製作，公司也免費提供美工設計，加盟主只需自行負擔印製成本即可，但老闆覺得在中和這裡，由於沒有大型的辦公大樓，發傳單的效果並不太大，因此目前主要還是靠客人口耳相傳。

食材方面，龍門東山鴨頭所銷售的15項食材都是由總公司提供，而且已經是處理過的熟食，加盟主只需油炸加熱即可，因此沒

度小月系列**9**

加盟
Money 篇

159

有什麼特別需要控制的成本。龍門東山鴨頭的食材成本約佔總營業額的四點五成，由於加盟主只需負責油炸、加熱食物，因此瓦斯費很省，一桶20公升，售價500元左右的桶裝瓦斯，如果以每天營業額九千元的情況來計，大概就可以用個20多天，每天要換的沙拉油一桶20公斤，售價約450元，平均下來一天大約只需60元的費用。辣椒粉和胡椒粉公司的進價都較外面便宜，辣椒粉每包30元（一斤），胡椒粉每包75元（一斤）。一般來說，辣椒粉用量較少，可用個5天左右，胡椒粉用量較多，也可用個4、5天，相較於其他的小攤販，成本算是比較省的。

 ## 口味特色

口味甜而不膩，鴨肉有嚼勁，但不會硬硬的。

當時之所以會選擇加盟龍門東山鴨頭，有信得過的朋友推薦固然是因素之一，但是真正的原因還是燕老闆吃了東山鴨頭後，覺得實在好吃，對產品有信心才決定加入。燕老闆表示，龍門東山鴨頭讓他一吃就上癮，主要是因為它的口味比較甜，會甜的原因是因為裡面有麥芽糖，又經過油炸後中藥的味道就全部跑了出來。燕老闆表示，龍門東山鴨頭的油是一定要每天換的，否

則由於油中含有麥芽糖的成分，油會起化學作用而發酵，這點倒是讓被回鍋油嚇到的客人，可以大為安心。雖然味道較一般東山鴨頭甜些，但因為是麥芽糖調味，不會讓客人感到甜膩，很適合一般客人的

龍門東山鴨頭的招牌甜不辣味道獨特，是超人氣產品之一。

口味，且鴨肉吃起來很有嚼勁，卻不會硬硬的，燕老闆自己喜歡吃，客人也喜歡吃。

在眾多口味中最受歡迎的自然是鴨頭，大腸頭雖然感覺上貴了些，卻是老饕們的最愛。據燕老闆表示，龍門東山鴨頭好吃主要是因為它的口味，因此平均來說每項產品都很受到歡迎，銷售的量也都蠻平均的。

客層調查

口耳相傳，老少咸宜，熟客佔大多數。

由於攤位的地點並不是非常有集客力的地點，因此來店的客人多半都是靠朋友介紹前來購買，熟客就佔了七、八成。客人最多的時間大概分布在兩個時段，一個是晚上7點，此時來的客人主要是

度小月系列9

加盟

Money

篇

龍門東山鴨頭

上班族，因為剛好下班，順便買些回家吃，另一個時間則是晚上10點，這時來的客人則多半是為了吃宵夜，當下酒菜。至於客人年齡層的分布實在十分廣泛，幾乎是從小學到七十幾歲的阿公、阿婆都有。老闆更私下透漏，由於口味不錯，不少客人還是從對面的那家老字號東山鴨頭店過來的客人呢！

未來計畫

希望生意愈做愈好，也考慮做其他生意的投資。

未來自然是希望生意愈做愈好，如果能夠好到一天做到一萬元以上時，或許再請個人手幫忙，但現在自己一個人就忙的過來了，而除了這家店，燕老闆也不排斥回到自己原來熟悉的休閒運動中心的產業，不過他表示自己大概是不會去實際經營，只會考慮單純的投資。

創業數據一覽表

項　　目	說　　明	備　　註
創業年數	1年	
創業基金	17,000元	
坪數	1坪多	
租金	12,000元	
座位數	無	全部都外帶
人手數目	1人	
每日營業時數	8小時	
每月營業天數	30～31天	
公休日	無	有事才休
平均每日來客數	90人	
平均每日營業額	8,500元	
平均每日營業成本	2,500元	
平均每日淨利	6,000元	
平均每月來客數	2,700人	
平均每月營業額	260,000元	
平均每月進貨成本	75,000元	
平均每月淨利	185,000元	

★以上營業數據由店家提供，經專家粗略估算後整理而成。

度小月系列9

加盟

Money

篇

成功有撇步

　　如果過去不是做服務業的朋友，要進入這行前一定要考慮到工作時間的不同，小攤販的工作時間大都是早上休息，晚上擺攤，且工作時間很長，面對這樣的情況體力一定要好。而在經營的技巧上，需要特別和附近的鄰居保持友好關係，也要和客人保持像朋友的關係，再加上所賣食物的口味有信用，成功就會愈來愈近。

★ ★ ★ ★ ★ 加盟條件 ★ ★ ★ ★ ★

加盟形式	
創業準備金	17萬
保證金	2萬 兩年一約，契約期滿退還，續約需另收換約費500元
加盟權利金	5萬
技術轉讓金	無
生財器具裝備	10萬 即餐車設備費用，餐車面積3尺寬、5尺長(展開可到4尺寬、5尺長)；若需加大餐車每加一尺約增加1千～2千元。
拆帳方式	無
月營業額	7萬～25萬 視地點而定
回本期	1個月～3個月 營業額減成本(不含老闆本身薪水及保證金)
加盟熱線	02-26209989
網址	www.龍門東山鴨頭.tw

東山鴨頭 做法大公開

作法大公開

★材料 （以下的數字係店家每次進貨的基本數量）

項 目	所 需 份 量	價 格	備 註
鴨頭	一包（30隻）	630元	
胡椒粉	一包（一斤）	30元	約可用4-5天辣椒粉
	一包（一斤）	75元	約可用3-4天

★製作方式

1 前製處理

在中央廚房中先經過特殊的中藥包滷製完成後，就定期依每位加盟主的訂貨量，將滷過的新鮮食物送往加盟主手中，為保食物的新鮮加盟主需要視生意的情況，調整向中央廚房定貨的數量和時間，貨送到後，要先在冰箱中保存，溫度要保持在零下十五度，待要做生意時再取出解凍。

2 製作步驟

1　把經過中央廚房處理過的鴨頭，放入油鍋中油炸加熱（鴨頭約油炸一分鐘）。

2 將剛炸好的鴨頭置
於鐵架上，以瀝去
過多的油分，直到
油完全乾。

3 將瀝好油的鴨頭切
成適合的大小。

4 灑上胡椒粉和
辣椒粉，就完
成了。

在家DIY小技巧

　　買回的東山鴨頭如果沒有立即食用，回家後可直接將紙帶包裝打開至微波爐中微波，味道完全不會走樣。

獨家秘方

　　由於食材的不同，在炸每個部位的時間也要有所不同，炸的時間太短中藥滷汁的味道出不來，炸的太久則會失去太多滷汁而使肉太硬，至於究竟要炸多久，多少需要依靠一點經驗，通常是用夾子夾時，有點沾黏的感覺出現時就可以起鍋了。

美味見證

陳同學 21歲 學生

　　每星期大概都會來這裡兩三次，主要是因為相較於別家的口味，這裡的口味甜而不膩，且鴨肉也比較有嚼勁，而其中最喜歡吃的是甜不辣、豆乾。

報馬仔

公司名稱	龍門東山鴨頭
成立時間	民國54年
公司地址	淡水鎮英專路68號2樓
負責人	吳明月
資本額	20萬元
加盟金	5萬元
全省每月營業總額	不便透露
保證金	2萬元
	（地域不同保證金略有調整）
加盟店家	全省包括離島共80多家
加盟專線	02-2620-9989
產品系列	鴨頭、鴨脖子、鴨舌頭、
	大腸頭、米血糕、甜不辣等等
	常會有新產品上市
加盟條件	創業準備金約20萬元左右
聯絡電話	02-2620-9989
網站	www.龍門東山鴨頭.tw
電子信件	84019492@pchome.com.tw

諾曼咖啡

法國露天咖啡吧
味道香醇氣氛佳
中西早點通通有
夏日冰沙人人誇

DATA

老闆：劉琦姐
店齡：一年
創業基金：35萬
人氣商品：摩卡巧酥冰沙（45元/杯）
每月營業額：32萬
每月淨利：20萬
營業時間：平日10:00-21:00
　　　　　假日11:00-19:00
店址：台北市大安路一段53號
電話：02-8771-3171

美味評比　★★★★★

人氣評比　★★★

服務評比　★★★★

便宜評比　★★★★

食材評比　★★★★

地點評比　★★★

名氣評比　★★

衛生評比　★★★★

麥當勞

大安路

諾曼

捷運忠孝復興站
14號出口

SOGO

孝東路四段

復興南路

捷運忠孝復興站

諾曼咖啡的總店是在嘉義，後來進軍基隆，老闆劉小姐加盟的時間是91年4月間的事。劉小姐表示，當初諾曼在台北應該算是第一家店，但才沒多久的時間，整個大台北地區加盟店數就有60多家，全台灣加盟店數更有了破百家的驚人成長。

加盟金的低廉、加盟方式的簡易，產品又不複雜，可能都是諾曼成功的原因，但最重要的可能還是諾曼能提供給消費者的咖啡和飲料品質令人稱讚，但只有高級咖啡廳一半不到的價錢。

如果你不想花很多時間到星巴克喝杯好喝但昂貴的咖啡，也不想喝下便宜但太難喝的咖啡，諾曼咖啡會是個不錯的選擇。而如果你想開一間咖啡店，卻沒有太多錢，只要你對賣咖啡這個產業沒有

度小月系列9

加盟
Money
篇

一張桌子，及簡單的店面，就可以自己完成自己開店的夢想。

過度的幻想，又喜歡接近客人，那諾曼咖啡鐵定也會是一個好選擇。

心路歷程

　　在做咖啡生意之前，老闆劉小姐是在珠寶公司門市做事，整天過著朝九晚五的日子，生活算是相當乏味。但在改行賣咖啡後，由於是自己的生意，又因為這種平價咖啡的營運方式，縮短了她和客人之間的距離，讓她藉著做生意認識了不少朋友，這點讓她感到非常高興。劉小姐舉例說，有位住在附近的常客，本身是學音樂的，有一次還拿了她自己錄製的CD送給劉小姐，讓劉小姐感到十分窩心。

　　回憶剛開始做生意時的種種，劉小姐表示由於總公司只是把生財器具給加盟主了，然後交代一下操作方式，之後一切就要靠自己。因此剛開始做咖啡時真的是很有恐懼感，深怕口味做的不好，尤其是遇到一些要求特別口味的客人，更是不知如何是好。但漸漸的由於客人的反應不錯，自己也愈來愈有信心，有時候反而會自信

> 平價咖啡的營運方式，讓我和客人之間的距離很近，也藉著做生意認識了不少朋友。

的引導客人嘗試某些新口味。

經營一家店確實有很多小地方要注意，由於咖啡店的工作環境還算好，人員不算難請，但要開店如果自己不能經營，一定要有一個自己信任的人可以顧店。由於店裡來的多是熟客，劉小姐很自然的將名片貼滿工作檯邊的牆壁，她表示，這也是一個簡易的客戶管理方式，一看就知道是那位客人、地址在哪，非常方便。

劉小姐指出，店面雖小，來店的客人也多半只是來喝杯咖啡，並不會久坐，但是她還是用心的在店內營造出好氣氛，並搭配了精選的音樂，甚至讓喜歡這張CD的客人拷貝一張。原來，成功是事事努力的結果。

經營狀況

 命名

> 引進法國諾曼露天咖啡香。

話說三年前，「諾曼咖啡」的劉小姐來到法國旅遊，在一個廣場上看到一家非常精緻的露天咖啡吧，且經過打聽，附近的人都知道這家的咖啡口味不錯，而這家咖啡吧的老闆名字就叫做Roman。

就是這樣的際遇，劉小姐也想把諾曼咖啡感性浪漫的氣氛帶回國內，於是在經過與國內設計師的溝通後，就呈現出目前諾曼咖啡吧的整個設計和外觀形象，而且諾曼咖啡的製作方式也是研習法國的Roman而來的喔。

 地 點

租金便宜，但附近有商業功能。

沒有租在熱鬧的頂好商圈內，租金太貴是主要原因，租不到地方也是理由。但雖然如此，咖啡店的位置卻也離頂好商圈不遠，而且交通便捷，剛好在捷運忠孝敦化站14號出口旁，麥當勞的巷子內。

這裡雖然沒有太多的逛街人潮，但來找店面的時候，劉小姐卻發現附近有不少做精品生意的店家，並不是純粹的住宅區，也就是說這裡還有部分商業功能。這一點非常重要，因為畢竟咖啡和飲料都不是必需品，在純住宅區中，遇上經濟不景氣，許多人會想既然已經到家了，回家喝飲料或自己泡咖啡就好了，買咖啡的人就不會多。除了這一點的考量，忠孝東路附近總是不乏上班族的客人，加上租金比商圈內低很多，因此劉小姐決定租下這個地方，而且為了再降低些租金壓力，店面還是和隔壁的服飾店一起合租的。

租 金

餐車公司提供，其他裝潢自己來。

　　諾曼咖啡工作檯的設計本來就是餐車型的，但是這附近實在沒有什麼可以合法設攤的地方，為了不讓警察趕來趕去，老闆劉小姐決定租下一個小店面經營。店裡的面積很小，大概只有5坪，擺幾張桌子、椅子就滿了，卻將空間營造的很有氣氛，據說這可是劉小姐和朋友親自慢慢裝潢起來的，而室內帶出整個異國氣氛的風景壁畫，則是劉小姐向朋友免費A來的喔！因此，除了加盟金35萬元，劉小姐裝潢這家店前前後後只花了25萬，算是很經濟的啦，目前房租每月是二萬二千元，比頂好商圈內的店家便宜很多。

 硬 體 設 備

一切備妥做到可以開業，其他設備由加盟主張羅。

　　咖啡機、冰沙機、各式容器、整個工作檯及統一的招牌，全部都是由公司為加盟主備齊，還包括第一次的進貨，都做到能讓業者開業的地步。當然諾曼咖啡所賣的只是飲料部分，店內如果要加賣蛋糕，自然是要自己添購冰櫃，而桌子、椅子，和工作檯以外的裝潢都是由劉小姐自己包辦。

食材

在確保品質的條件下，才會選擇用較便宜的管道進貨。

諾曼的產品單純，主要就是咖啡豆、白冰砂糖、拿鐵粉、花茶、牛奶和一些加味糖漿等，由公司統一進貨並不複雜。當然這一行做久了，總是知道不少可以買到更便宜材料的供應商，但這時就要十分謹慎。劉小姐的原則是，對於會影響食物品質和口味的材料，即使貴一點仍要向總店進貨，像是咖啡豆、白冰砂糖、拿鐵粉等，都是諾曼特有的口味，而對於品質完全相同的食材，如牛奶、餅乾才會尋找便宜的管道採購，即使如此，劉小姐選的牛奶仍然是林鳳營鮮奶，可見她對品質的要求。畢竟品質不相等就不是便宜，而且貨源的穩定性也非常重要，在採購上絕對不可一味的貪便宜，這是很危險的做法。

成本控制

租金不能高，營業看時段。

目前店裡有三個工作人員，工作時間是從早上10到晚上10左右。不一大早就營業，是因為劉小姐評估早上的生意並不好，如果一早就開門卻沒有幾個客人，那工作人員的薪資加上開店的費用，實在太不划算了。

劉小姐表示，由於諾曼賣的不是高價的咖啡，加上很多辦公室現在都有自動的咖啡機，隨時可以沖泡咖啡，直接衝擊到這行的生意，因此做這種生意雖然可以賺錢，卻不會賺大錢，也因此房租絕對不能太高。

為了增加營業額，積極開發外送市場是一定要做的工作，雖然飲料已經不貴，但劉小姐仍推出折價禮券及集點券嘉惠客戶。畢竟經濟不景氣，客人都是能省一點算一點。

口味特色

冰沙稱冠，咖啡獨特。

諾曼的產品主要分為冰沙、冰品和熱飲三大系列，賣的最好的應該是冰沙系列，主要是因為目前很多辦公室都有咖啡機可以製造咖啡，冰沙卻不容易自己生產。

而在所有的產品中，摩卡巧酥冰沙算是最受歡迎的，其次是諾曼榛果咖啡。其他如調味拿鐵也因放入諾曼特有的拿鐵醬而風味絕佳，據客人表示風味不輸星巴客。而蜜果花茶無論冷熱喝滋味都好，甜甜酸酸恰到好處，此外，約克夏冰奶茶也頗受喜歡喝奶茶的客人歡迎。

劉小姐表示，由於諾曼賣的不是高價的咖啡，加上很多辦公室現在都有自動的咖啡機，隨時可以沖泡咖啡，直接衝擊到這行的生意，因此做這種生意雖然可以賺錢，卻不會賺大錢，也因此房租絕對不能太高。

為了增加營業額，積極開發外送市場是一定要做的工作，雖然飲料已經不貴，但劉小姐仍推出折價禮券及集點券嘉惠客戶。畢竟經濟不景氣，客人都是能省一點算一點。

客層調查

精品店老闆是主要客源，招徠客人全靠口耳相傳。

來這裡逛街的客人不多，主要的客人是這附近精品店的老闆，而且他們有些人幾乎每天來喝，客人中幾近八成是老客人，因此劉小姐對於客人的口味都已經十分熟悉，相處起來像是朋友。加上店面不大，裝潢也不特別起眼，路過的客人會特別停下來喝咖啡的機率其實不大，因此會來這裡喝咖啡的客人多半是靠朋友介紹，老闆表示很多人會拿諾曼的咖啡和星巴克比較，表示這裡的咖啡雖然平價，口味卻受到肯定。

未來計畫

喜歡和客人親切的交往，不喜歡高級咖啡館的生疏感。

其實是在開這家店不久，老闆劉小姐就在錦州街開了另一家咖啡店。雖然同樣是諾曼咖啡，據說店裡的氣氛可是完全不同。未來除了用心經營原有的產品，已經有加賣鬆餅或是糕點的打算，畢竟有很多客人在喝飲料時，總是還想吃些糕點作搭配，劉小姐自然是樂意盡力提供。

問劉小姐會不會想在經驗足夠後，開一家正式或是高級一些的咖啡店，劉小姐表示不會，她說她喜歡這種咖啡店的營業方式，因為距離客人很近，可以交到很多朋友，讓自己生活的很快樂。至於會不會退出加盟體系，劉小姐表示地點和供貨的穩定性佔有決定性的因素，不會貿然如此做。

創業數據一覽表

項　　目	說　　明	備　　註
創業年數	一年	
創業基金	350,000元	
坪數	5坪	
租金	22,000元	
座位數	11位	桌子5張
人手數目	3人	兩班制
每日營業時數	8～12小時	
每月營業天數	30～31天	
公休日	無	
平均每日來客數	150人	
平均每日營業額	10,000元	
平均每日營業成本	4,500元	
平均每日淨利	5,600元	
平均每月來客數	3,700人	
平均每月營業額	320,000元	
平均每月進貨成本	120,000元	
平均每月淨利	200,000元	

★以上營業數據由店家提供，經專家粗略估算後整理而成。

諾曼咖啡

度小月系列9
Money
加盟篇

成功有撇步

　　從開店到現在，劉小姐已經遇到不少前來詢問開店相關訊息的客人，而且多半是20～40歲左右的女生，遇到這些想加入賣咖啡行列的人，劉小姐總是會先問清楚她們想開店的主要因素。劉小姐表示，這類型的平價咖啡店，和許多女孩夢想中的咖啡店形象差距很大，它並沒有一個很高雅的營業環境，而且要不斷的和每位客人親切的寒暄問候，店內大小的事情也都要自己來，如果抱持太過夢幻態度的朋友，劉小姐都會勸他們趕緊打消念頭。

　　這個行業雖可以賺錢，卻不是一個可以賺大錢的行業。只是因為自己是老闆，做的又是自己有興趣的行業，且在做生意時可以交到很多朋友，心情自然比過去上班時愉快的多。

★ ★ ★ ★ ★ 加盟條件 ★ ★ ★ ★ ★

創業準備金	35萬
保證金	無
加盟權利金	10萬
技術轉讓金	無
生財器具及首次物料費用	25萬
拆帳方式	無
月營業額	15萬
回本期	3-6月
加盟熱線	05-2258486
網址	無

摩卡巧酥冰沙 做法大公開

作法大公開

★**材料**（以下的數字係店家每次進貨的基本數量）

項　目	所 需 份 量	價　格
冰沙粉	1磅	200元
巧克力餅乾	1盒	60元
咖啡豆	1磅	200元
果糖	6公斤	130元

★製作方式

1 將冰沙粉放入冰沙機中。

2 果糖1盎司放入冰沙機中。

3 巧克力餅乾1片放入冰沙機中。

4 熱咖啡75cc放入
冰沙機中。

5 適量冰塊置於冰
沙機內。

6 將所有材料一起
放入冰沙機中絞
碎。

7 在完成的冰沙上
加上鮮奶油。

8 加上一片巧克力餅
乾做裝飾，就是美
味的摩卡巧酥冰
沙。

獨家秘方

這裡冰沙好吃的秘密就在Oreo餅乾，很多店裡的冰沙口味不同，主要原因就是放在冰沙中的巧克力餅乾不同。因為Oreo餅乾成本較高，很多商家都會選擇以較便宜的廠牌餅乾替代，當然諾曼特調的冰沙粉，也是別人無法取代的獨家秘方。

在家DIY小技巧

現在咖啡機或是製冰機都很方便，要在家做出一杯冰沙其實並不困難，但是如果你只有咖啡和餅乾，做出來的味道還是不會和諾曼的冰沙一樣，關鍵就在冰沙粉，但是諾曼的冰沙粉並不外賣。

美味見證

楊修權 40幾歲 珠寶業

我每天都會到這附近的珠寶店送貨，發現這裡的咖啡味道不錯，因此等待的時間就會來這裡坐坐，通常從週一到週五幾乎是天天報到。由於喜歡較濃的口味，冬天都喝熱咖啡，夏天就改喝冰咖啡。

報馬仔

公司名稱	諾曼咖啡連鎖企業
成立時間	民國88年
公司地址	嘉義市芳安路390號
負責人	劉翠坊、劉俊豪
資本額	300萬元
加盟金	35萬元（含設備）
全省每月營業總額	平均一家店15萬元
保證金	
加盟店家	北部：58家
	中部：15家
	南部：36家
	一共109家加盟店
加盟專線	05-225-8486
產品系列	冷熱咖啡、法式花茶
加盟條件	無特別限制
聯絡電話	05-225-8471
網站	www.roman.com.tw
電子信件	無

附錄

- ▶ 店家總點檢
- ▶ 加盟的流程
- ▶ 加盟成功密笈
- ▶ 選擇加盟企業主十招
- ▶ 加盟簽約時的注意事項
- ▶ 加盟為什麼會失敗
- ▶ 餐飲服務類加盟創業資訊

店家總點檢

日船章魚小丸子

老闆：蔡松宏
店齡：3年（士林店）
創業基金：約13萬5千
人氣商品：章魚小丸子（35元/份）
每月營業額：80萬
每月淨利：50萬
營業時間： 平日16:00～凌晨1:30
　　　　　 假日15:00～凌晨2:00
店址：台北市士林區文林路101巷4號
電話：無

　　士林這家章魚小丸子店，算是營業額和規模都很具代表性的一家章魚小丸子店，由於位於黃金地段，租金自然也就比較高，小小一方不到三坪的店面，每月租金竟高達八萬元，但是相對的每月五十萬元的營業額也是頗令人滿意。

　　製作章魚燒所需的材料包括、麵粉、蛋、洋蔥、章魚、高麗菜、日本紅薑、麵包屑、美乃茲、材魚及其他醬料。據客人表示這家的口感特別好，原因除了材料的差異，最大的不同就在於，一般的章魚小丸子在做成之後並不會再用油炸過一遍，因此顏色會比較白，外層也不會有酥酥的感覺。這裡的章魚小丸子卻因其獨特的做法，讓它可以有外酥內軟的的好口感。

諾曼咖啡

老闆：劉琇娟
店齡：一年
創業基金：35萬
人氣商品：摩卡巧酥冰沙（45元/杯）
每月營業額：32萬
每月淨利：20萬
營業時間： 平日10:00-21:00
　　　　　 假日11:00-19:00
店址：台北市大安路一段53號
電話：02-8771-3171

　　主要的客人是這附近精品店的老闆，而且他們有的是幾乎每天來喝，客人中幾近有八成是老客人，因此對於客人的口味都已經十分熟悉，相處起來像是朋友。

　　諾曼的產品主要分為冰沙、冰品和熱飲三大系列，而在所有的產品中，摩卡巧酥冰沙算是最受歡迎，其次是諾曼榛果咖啡，其他如調味拿鐵因放入諾曼特有的拿鐵醬而風味絕佳，據客人表示風味不輸星巴客，而蜜果花茶無論冷熱喝滋味都好，甜甜酸酸恰到好處，此外，約克夏冰奶茶也頗受喜歡喝奶茶的人歡迎。

三媽臭臭鍋

老闆：黃照宏
店齡：2年
創業基金：約60萬（裝潢費另計）
人氣商品：大腸臭臭鍋（90元/份）
每月營業額：220萬元
每月淨利：160萬元
營業時間：每天11:00-凌晨1:00
店址：台北市士林區大南路48號
電話：02-2889-1319

　　本店位於士林夜市廟口的右側，經常是人潮洶湧，主要應是「三媽臭臭鍋」的定價統一，一律九十元，非常符合士林夜市的平價消費市場，加上聰明的老闆還特別製作了好看的食物模型，讓「三媽臭臭鍋」的豐富用料一眼就被消費者看見，於是每逢華燈初上，原本已經夠擁擠的夜市小巷，這時更出現大排長龍的壯觀景象，且這種景況幾乎是夏天也不例外，真是令人稱奇。

　　雖然同樣是「三媽臭臭鍋」，這裡的裝潢以深咖啡色系為主調，呈現出高級餐廳的格調，但價錢卻仍是統一價90元，而親自品嚐後還會發現這裡的「三媽臭臭鍋」用料可是特別的豐富。

龍門東山鴨頭

老闆：燕傳徽
店齡：1年
創業基金：約17萬（保證金2萬，加盟金5萬，生財器具10萬）
人氣商品：鴨頭（連脖子，35元/份）
每月營業：約26萬
每月淨利：約18萬
營業時間：每天5:00～凌晨1:00
店址：台北縣中和市興南路一段70號（中和興南夜市裡）
電話：無

　　當時之所以會選擇加盟龍門東山鴨頭，有信得過的朋友推薦固然是因素之一，但是真正的原因還是自己吃了東山鴨頭後，覺得實在好吃，對產品有信心才決定加入。老闆表示，龍門東山鴨頭讓他一吃就上癮，主要是因為它的口味比較甜，會甜的原因是因為裡面有麥芽糖，又經過油炸後中藥的味道就全部跑了出來。在眾多口

味中最受歡迎的自然是鴨頭，大腸頭雖然感覺上貴了些，卻是老饕們的最愛，據老闆表示，龍門東山鴨頭好吃主要是因為它的口味，因此每項產品都很受到歡迎，銷售的量也都蠻平均的。

狀元香

老闆：楊明珠
店齡：2.5年
創業基金：約20萬
人氣商品：花乾（1個13元；2個25元）
每月營業額：26萬
每月淨利：16萬
營業時間：16:30～23:30（週日休）
店址：基隆市復興路193號
電話：02-2437-1256

　　由於以前住在通化街是親眼看到今日的「狀元香」由一個小攤販漸漸發展起來，自己又非常喜歡他們的口味，評估在當時加熱滷味的做法還不多見，滷味又因是中國的傳統美食，不太受到季節性的影響，在預估投資報酬率應該不錯的情況下，楊小姐決定加盟「狀元香」。

　　開店的準備金大約是20萬，其中工作餐車的費用就佔6萬8千8百元，而加盟主如果原本沒有冰箱，一定要投資買一部氣冷式全動冰箱，售價約4萬元，總店會介紹供應商給加盟主，由加盟主自己選購，另外還需要有一個能站存食材的保溫箱，其他如小推車、清潔和輔助工作也都需要，林林總總大約又要3萬元。也就是說花在硬體設備的金額大約要近14萬元。

休閒小站

老闆：陳瑞堂
店齡：2年
創業基金：約45萬
人氣商品：珍珠奶茶（25元/杯，700cc）
每月營業額：42萬
每月淨利：26萬
營業時間：每天11:00～23:00
店址：台北市中坡南路32號
電話：02-2726-2311

　　由於位居協合商圈，店裡主要的客人自然是學生，但是為了推廣生意，店家也很努力的到附近忠校東路上的公司行號發傳單，以吸引上班族的客人，而至從有了網站的宣傳，有些遠在台北市政府的客人，竟然也會打電話來店裡叫外送，這點確實讓自己感到吃驚，也對網路行銷開始注意。

　　來店的客人是男女都有，但據觀察發現，男生比較喜歡冰沙類的產品，女生則偏愛調茶類的商品，而對於店裡所開發的新口味商品的接受程度，女生的接受力也比男生大，像是最近推出的柳橙紅茶、草莓茶、梅子紅、梅子綠等，愛喝的幾乎都是女生，這確實是非常有趣的現象。

三兄弟豆花店

老闆：戴旭美
店齡：1.5年
創業基金：約100萬
人氣商品：豆花（30元/份）
每月營業額：75萬
每月淨利：36萬
營業時間：每天11:00～23:00
店址：台北市漢中街23號(西門町)
電話：02-2381-2650

　　漢中街的這家三兄弟，同樣大小的店面，租金卻比鄰近西門町最熱鬧的地方便宜一半。所以租下這間店，老闆是這樣計算的，店裡的食品單價

平均在三十至五十元之間，每個客人的停留時間約是十多分鐘，大都是吃完就走，很少在店裡聊天逗留，在這樣的條件下參考滿座人數和工作時數，就不難了解這家店的營業上限，在這樣的限制下，老闆算算覺得還是選擇這樣的地點會比較划算，畢竟租金省就是一半，而店面固然不能移動，卻總是可以想辦法讓人移動到店裡來。

　　除了公司固定提供的食材，順應季節和商圈特性，店家也會開發一些新口味，像芒果冰、草莓冰等，以試探市場的新變化。

弘爺漢堡

老闆：沈碧蓮
店齡：2年多
創業基金：約30萬（另需備10萬預備金）
人氣商品：里肌總匯三明治
每月營業額：40萬
每月淨利：22萬
營業時間：每天凌晨4:00-下午3:00
店址：臺北市康寧路三段99巷12弄1號
電話：02-2633-4741

　　老闆極強的親和力，讓這家小小的早餐店，幾乎變成了社區居民的情報轉換站，適逢北市市長選舉日，誰去監票、誰的媽媽又去哪裡…，老闆

似乎比人家自家人還清楚。放學後的小孩，也很自然的來店裡走走，儼然成為社區的安親班，是個讓家長放心的地方。除了社區的居民，店裡大部分的客人就是附近的上班族。

　　早餐要吃的飽、吃的好，那就一定要嚐嚐里肌總匯三明治，四片土司、三層夾心，一般女士更本吃不完，但是味道是真好吃。而除了三明治、蛋餅、漢堡也都有，店裡還有特別的可頌堡，無論外觀和口味都很吸引人。飲料部分中式的豆漿、西式的咖啡、奶茶、紅茶，還有果汁、玉米濃湯、綠豆牛奶可以選擇。

咕咕雞

老闆：鄭益隆
店齡：近4年
創業基金：15萬
人氣商品：炸雞排（35元/份）
每月營業額：38萬
每月淨利：20萬
營業時間： 平日17:00-24:30
　　　　　假日17:00-凌晨1:00
　　　　　星期一公休
店址：台北市龍泉街54號門前
電話：無

　　位居師大夜市內的這家咕咕雞，最大的客源自然是師大、台大的學生，通常下午六點學生放學的時候生意也最好，過了這個時段，晚上近十點左右，又有一批客人。

　　咕咕雞的雞肉，皆經過中央廚房以特製醃醬醃製而成，醃醬的味道甜鹹適中，很受客人歡迎，而雞肉經過適當時間的油炸，表面呈現酥脆的口感，但一口咬下雞肉又鮮嫩多汁，不會乾澀難嚥，皮脆、肉嫩、味鮮美，這正是最完美的雞排口味組合。而店裡最不尋常的應該是所提供的調味料，除了一般鹽酥雞店會提供的胡椒、辣椒，店裡還有蒜味、咖哩味、海苔味的調味粉，多灑一點就會發現味道很不一樣喔!有機會一定要試試，這才是行家吃法。

源士林粥品

老闆：李益承
店齡：2年
創業基金：約35萬
人氣商品：粥霸（70元/碗）
每月營業額：75萬
每月淨利：45萬
營業時間：每天24小時
店址：台北縣中和市中和路47號
電話：02-2243-8003

　　不大的店面，租金一個月就要花上六萬三千元，這在整個月的營業成本中佔了不算少的比例，因此在觀察附近晚上也有不少客人的情況下，自然是營業時間愈長，提升營業額的機會也就愈高，於是營業時間就從原本早上十點到晚上一點休息，之後延到兩點，到最後乾脆二十四小時營業，想來老闆確實是經營有方。

　　「粥霸」是這裡的特色，算是極多美味於一身的頂級粥品，有魚、有肉，又有蛋，用料豐富又營養。而除了「粥霸」，這裡的廣東粥、布拉魚粥、片子粥、寶寶澡、艇仔粥，以及常見的廣東皮蛋粥、皮蛋瘦肉粥等，口味可是個個經過註冊。店內共有九種粥品，價位從55元到70元不等。

加盟的流程

電話洽詢

加盟簡報
（1天內）

加盟資格審定

店面立點評估
（1-2天）

付訂金
（簽約金）

教育訓練　　　　　　　　工程發包
（約1-7日）　　　　　　　（3-5天）

第一次進貨

付清尾款
（票期可在一星期後）

開幕
（總部人力支援、訓練、指導）

加盟成功祕笈

1. 正確的心態

　　如果決定加盟小吃店只是爲了賺大錢，那恐怕您還得想一想。加盟小吃店就像擁有了自己的生意，如果只是想賺大錢，卻對自己所做的產業不能認同，或是沒有興趣，那只要初期遇到一點不順利就會立刻打退堂鼓了。大部分受訪的小吃加盟店老闆都表示，做生意確實比上班好，但加盟時要考慮的並不全是收入的問題，而是有了一個自己喜歡和願意去經營的事業，而且可以在做生意時交到很多朋友，工作起來非常快樂。

2. 合適的地點

　　這幾乎是所有老闆公認的最重要因素，因爲如果地點不對，即使東西再好吃，老闆人再好，也是沒有用，店點的選擇當然與商品的屬性多少有些關係，但大致而言，店面的附近不是要有辦公大樓，就是要有熱鬧的商圈，再不然就是要在人多的主要幹道或是十字路口附近。純住宅區，通常較不適合店面的開設。當然附近是不是有相同或類似的店家也是一定要注意的，畢竟競爭者多利潤就一定會被稀釋。

3. 親切的服務

　　大多數加盟小吃店的業主過去都是外行人，且多數是坐辦公桌的上班族，因此當決定做生意時，一定要努力調整自己的心態，做到以客為尊，盡量滿足客戶的需求，這樣有了人緣才能有財源。

4. 超人的體力

　　小吃店的營業時間相當長，多半超過十幾個小時以上，而且大部分的時間是要站立著，因此如果是習慣了朝九晚五的生活，或是坐慣了辦公桌的人，決定加盟前可得要先好好鍛鍊一下身體。

5. 美味的食品

　　雖然大多數的加盟總公司，都已經為加盟主處理好大半的物料，加盟主只需要做些簡易的處理就可做成成品賣給客人食用，但是簡單歸簡單，卻仍是要按步就班才能有好口味，像是粉圓的熬煮、綠茶或是奶茶的調配都需要點技術和經驗，有時一不注

意，食物的品質就有改變，客人也會立即察覺。

更重要的是，切勿為了找尋較便宜的供貨管道，而降低品質，或因此造成貨源的不穩定，因為這些都會直接影響到食物的口味和產量，對生意造成嚴重的打擊。

6. 良善的人事制度

所謂「管事容易，管人難」，很多加盟主反應最大的難題都是人員難請，請到了又不容易管理，而沒有人什麼都辦不成，因此在開店前一定要對可使用的可靠人力做一個評估，貿然加入的結果，既使有生意做，都做不到。

7. 主動推薦人氣商品

主動推薦人氣商品是一個經營上的小技巧，主要是可縮短客人選擇產品的時間，也可以幫助客人點到滿意的食物，而且如果有主力推薦產品，相對會降低食物的料理時間，因為統一處理總是比個別處理方便及省時些，但卻並能因為是統一處理就漫不經心，現在客人的嘴巴很刁，吃到令他不滿意的瑕疵品，就不會再來第二次了。

8. 適當的裝潢和設備投資

同樣的品牌、同樣的食物，如果店面乾淨又清爽，客人自然會比較願意上門，這幾乎是人人知道的道理，但是在經營時大部分的經營者都會只看到收入而忘了回饋客人，其實如果生財設備的增加，會有助於工作效率的提昇，這樣的投資就算值得。

9. 請教前輩經驗

如果自己什麼都不知道，勤問一定是最好的方式，問一問別的加盟業者創業成功或是失敗的心得，都是會非常受用的。

10.不懈怠的精神

雖然是自己當老闆，但是精神絕對不能懈怠，三天打魚兩天曬網，客人來了剛好碰上幾次關門，大概也就不會再來了，而剛開始時對產品製程的競競業業，也往往會隨著懶散的心態而漸不精確，導致產品品質下降，客人自然就更不肯上門了。因此，既然要創業，就一定要有強烈的自我約束力，要求自己無論刮風或下雨都要定時、定點開張做生意，生意才能愈做愈好。

選擇加盟企業十招

決定加盟某個產業後，要如何選擇合適的加盟主確實是門學問，以下幾個方向可以提供作為判斷的依據：

1. 較高的知名度

通常知名度較高的連鎖店，代表它的生意會比較好，或是花在媒體宣傳上的經費比較多，而無論是哪一個因素，這些對新加入的加盟主而言都是有好處的，譬如同樣是一家早餐店，如果是自營店，需要花上很長的一段時間才能培養出自己的客戶，但若是加盟到一家知名度高的加盟企業，由於消費者心中多少對該品牌有些印象，願意嘗試的機會也大為增加。而只要消費者跨出第一步，加盟主就有了抓住客人的機會。當然，如果已經隨處可見該體系的加盟店，特別是在自己欲開店的區域已經有該體系的加盟店一家，那麼就算知名度高，利潤卻也必然會因過度的競爭而稀釋，兩者之間需要權宜衡量。

2. 好記的店名和CIS規劃

如果你不了解店名的效力和企業識別系統（CIS；Company identity system）的效力，看看7-eleven也許會給你些啓示。7-eleven的店名是因為早期營業時間是早上7點到晚上11點，所以不但讓你記得店名，還把營業時間一起記起來。而其紅字、綠白底調的明亮色彩，讓人一眼能辨認，也成為許多小型超商魚木混珠的仿效色彩。好記的店名和CIS不僅增加品牌知名度，也是讓顧客有歸屬感的重要關鍵。

3. 用心經營的企業

凡是不能光看表面，只看看宣傳單上的說明是不夠的，有心加盟的業主一定要親自前往業主總部的所在地參觀，特別是小吃生意，中央廚房的管理和衛生又特別重要。如果只是為了吸引加盟主加盟，以吸取加盟金為主的企業，其經營方式是有危險的，經常會出現因店面擴展過快，而無法控制食物的品質和加盟者素質，而導致企業的危機，有心長遠經營事業的加盟主不應該選擇這樣的企業加盟。

4. 擁有高成功率

要加盟前，一定要考慮所加盟的企業是不是財力穩固，而且要盡量多去觀察幾家目前已經加盟的店家，看他們經營的狀況是

不是如總公司所宣傳的獲利良好，因為通常總公司都只會帶有意加盟的加盟主，看一些業績比較好的示範店。有心的加盟主還是要自己親自多跑幾家，明查暗訪才能知道真實的情況。

5. 產品有特色

　　既然是賣吃的，食物的口味和特色自然是最重要的，像本書內文中介紹的「三媽臭臭鍋」獨創的煮臭豆腐口味就是別家吃不到的口味，消費者只要想要吃這味，就非來「三媽臭臭鍋」吃不可，當然其定價平實，也是在不景氣中，能異軍突起的主因。

6. 有良好的連鎖經營體系及技巧

　　這些特色也許是尚未經營這個行業的人不太容易發現的地方，但是也不是完全沒有辦法得知，例如可以藉由參觀總公司的時候仔細觀察公司的管理和工作方式，更直接的方式則是請教已經加入此行業的加盟主，相信只要虛心請教，很多人都願意分享自己和總公司間的總總互動關係給新朋友參考，再不然多看看坊間相關的書籍報導，也能獲得不少判斷的知識。

7. 有不斷研發的能力

　　現在的世界瞬息萬變，消費者的口味也是變化快速，如果所加盟的企業只是沈溺於過去的輝煌成就，而不再開發新口味的產品，坦白說就是一個警訊，因為過去的成功並不代表永遠會成

功，這點可以從坊間的加盟店很容易的詢問或觀察的出來。

8. 願意為加盟主提供融資

初加盟的店主，往往會因創業資金不足，而無法順利達成加盟的心願，此時如果加盟的企業可以提供適當且合理的融資金額或期限，相信對彼此的合作都會有正向的關係。

9. 用心培訓人員

幾乎是每個加盟主在加盟連鎖企業後，都會接受總公司的訓練，但是同樣是訓練，有的要求很嚴格，還要在課後做驗收，一直要到加盟主符合該項工作的要求，才能同意其正式開店，且開店初期一定有輔導員到店裡協助一段時間，開業後也不定期會有輔導員前來巡視，在有新品推出時家盟主還會被要求要回總公司受訓。但是有的企業卻很隨便，簡單的示範操作一下器具，其餘的就全靠加盟主自己的天分了，這些不重視員工訓練的連所企業主，要想長久經營恐怕會是有問題的。

10.加盟合約清楚明白

加盟的行為涉及到金錢交易，以及加盟主與連鎖企業總部間的權利與義務關係，因此在決定加盟前雙方一定要簽下一份合約，此時合約的內容就相當重要，它必須是完整、合理且有效的合約，如此才能確保日後不會有問題產生。

加盟簽約時應注意事項

何謂加盟？

　　加盟連鎖總部和加盟主是不同的主體，雙方並沒有隸屬的關係，加盟關係雖是基於共同的經營理念及認同合作經營的制度方法，但是兩者並不是母子公司，也不是關係企業，而是屬於以契約書約定雙方合作的方式，並共同以加盟體系合作經營加盟體系所適用的事業，以法律的角度來看，雙方的關係是以連鎖加盟契約書爲基礎而成立的合作關係。

簽約時應注意事項

　　加盟總部和加盟店主雙方的關係，既是以連鎖加盟契約書爲基礎而成立的合作關係，雙方就必須清楚合約的內容，在簽約前先弄清楚合約的每個細節才不至於在日後合作時有所爭議，以下是合約中幾個特別需要注意和了解的事項：

一、了解加盟連鎖契約的效力

連鎖加盟契約的效力，一般而言應該只僅及於加盟總部和個別簽約的加盟店間，並不能拘束或擴及其他的加盟店主。

二、注意加盟總部和加盟店各需履行的義務和條款

1.加盟總部應負責的項目有：

(1) 技術操作及受測的提供。

(2) 訓練、指導、觀摩、實習的提供。

(3) 店面地區、設計、店內裝潢的諮詢、建議及協助。

(4) 開始營業的輔導。

(5) 日常業務營運管理的諮詢及技術指導。

(6) 設備、原料、貨品的供應。

2. 加盟店主應負責的項目有：

(1) 人員僱用及配置。

(2) 軟硬體設備及設施的採購、維修、更新。

(3) 依加盟體系的規範標準操作及經營加盟店。

(4) 設備、原料及貨品的採購。

3.人員的訓練、指導及業務執行和監督。

4.生財設備、原材料、貨品的採購供應及銷售。

三、注意連鎖加盟的授權條款

通常連鎖加盟店會涉及到的商標、服務標章，及所謂營業表徵和商譽信用的部分，而與技術資料相關的財產權則有著作權或準財產權的營業秘密，另有肖像權等。加盟總部通常會對這些智慧財產及相關權利有防範的措施，並會對加盟店的使用方式和範圍有所約定和限制，通常是採用授權使用的方式供加盟店使用，所謂授權使用，就是加盟總部仍保有其所有的權利，只是提供給加盟店在授權期間，依約定的方法、條件及範圍使用其技術、資料及其他財產的權利，被授權的加盟店主僅能使用，而不能任意處分該權利。

四、注意連鎖加盟的費用給付條款

加盟的費用通常包括加盟金、保證金、權利金或貨款的給付條件，另有促銷活動、廣告企劃的費用分擔。

五、注意營業限制條款

加盟總部為維持加盟經營體系的競爭秩序及市場競爭趨勢，對於加盟店的經營會定下若干限制，最常見的有獨家銷售地區、產品獨家銷售、地區地點、轉售價格、進貨、最低銷售量、轉讓、組織改組及變更義務內容等各方面的的限制。

六、了解終止條款

連鎖加盟契約的有效期間，除有自動延長條款的規定外，於期限屆滿時，合約的效力也就終止，加盟主若有意繼續加盟需進行換約手續。此外，若遇有特定事由，任一方或特定的一方可以終止合約，但這些特定終止合約事由應明訂於契約中，才具有終止契約的效力，一般而言，這些事由包括：違約、償債能力不足、破產、解散清算、改組、不可抗力因素持續一定期間而未消失或持續。

又契約終止的效果，包括授權使用商標或服務標章、著作權等須停用、撤銷授權登記及相關的標章招牌等，如載有授權使用商標者應予清除，技術操作資料也需返還，而且終止合約還不會影響到因終止合約前所產生事由的損害賠償請求。

加盟爲什麼會失敗

一、不能持之以恆

　　加盟小吃店自己做老闆，不用打卡、沒人約束，而如果對自己加盟的生意又沒有認同感，幾天下來生意不好，就愈來愈晚開店，或是做一天休幾天，愈變愈偷懶，生意自然也就愈來愈差，惡性循環的結果，就是生意也就做不下去了。

二、購買便宜的物料

　　做生意就是將本求利，因此很多老闆是省多少算多少，但所謂「一分錢，一分貨」，不同的材料做出來的東西口感一定不同，而即使品質相同，若供應商的供貨品質或供貨時間不穩定，對生意也會造成極大的負面影響，也就是說「便宜」還不夠，還要「穩定」。

三、人員管理不當

　　所謂「事在人爲」，這句話用在小吃店上最爲適合，沒有好的工作人員配合，老闆一個人是一定忙不過來的，如何將人力巧妙當配，將人事成本控制在合理的比例，又能找到負責、態度好、又具穩定性的工作人員，是讓大部分加盟主都很頭痛的問題。所

以開店初期最好先掌握到可信賴的人力資源，才不會再開店後，立刻遇到人力上的問題。

四、服務態度不佳

餐飲業就是服務業，店家親切的招呼客人，不僅會讓客人感到親切，增加再次前來的動機，更能培養一批死忠的客戶，穩定生意，而如果服務不好，即使食物美味，客人也沒有必要到店裡來受氣。因此建議各位加盟主或是即將成為加盟主的老闆們，收起自己的脾氣，把客人當成自己的衣食父母就沒錯啦！而對員工，也一定要在事前就定下明確的做事規則，且嚴格執行，畢竟店是老闆自己的，老闆不要求，員工也不會太認真。

5.資金運作困難

通常小吃店要回本，少說都要二到六個月的時間，因此除了開業成本，加盟主一定要多預留幾個月的進貨金額，因為開業後還要持續支付租金、水電、瓦斯、食材等費用，如果初期生意不是那麼好，拉長了回收的時間，就不會因為還沒撐到可以回本成本的時候，就已經沒錢可用，不得已被迫宣告倒閉。為避免上述的情況發生，在加盟前一定得先打探清楚，自己所加盟行業的回收期及一般生意的規模，並且多準備些預備金，千萬不能只考慮到初期的加盟、租金和一次的進貨成本，而且即便是正式開業以後，也一定要隨時觀察生意的狀況，才能將資金靈活運作。

餐飲服務類加盟創業資訊

鮮堡漢堡

公司名稱	大波羅食品有限公司
負責人	林樹農
總店數	直營：4家
	加盟：300家
加盟專線	0800-023-555
總部地址	台北縣汐止市秀峰路81巷33號

主要商品　鮮蝦漢堡、花枝漢堡、卡拉雞腿堡、泰式檸檬雞、乳酪餅、義式研磨咖啡、中西式精緻美食點心（約百種產品）。

加盟準備金　20萬元

加盟資格與條件

1. 對早餐業有著高度的熱忱。
2. 對鮮堡漢堡優質的產品高度的認同。
3. 願意與鮮堡漢堡共同邁向成功的行列。
4. 需有 5 到 20坪大小的店面?總公司提供代尋店面服務。

總部的支援

1. 免費商圈評估。
2. 協助市場調查。
3. 代尋店面服務。
4. 提供完整的原物料。
5. 新產品的創新開發。
6. 註冊商標使用權的保障。
7. 加盟店技術交流與經驗分享。
8. 店面專業行銷設計。
9. 專業人員技術訓練。
10. 協助營利事業登記證的申請。
11. 經營顧問的協助。
12. 百分百滿意開店。

豪俐沙威碼

公司名稱	豪俐國際美食連鎖加盟事業
負責人	彭國忠
總店數	直營：1家
	加盟：650家
加盟專線	03-3659340
總部地址	桃園縣八德市興豐路527號

主要商品　鐵板沙威瑪、鐵板飯/麵、酥皮濃湯、咖啡、簡餐類、焗烤、排餐、下午茶、各式冷熱飲品等

加盟準備金　18萬元

加盟資格與條件

對餐飲有興趣、吃苦耐勞、想自行創業者

總部的支援

1. 打破市場行情，創同業最低投資金額保證比自己開店更便宜。
2. 免廚師標準化作業流程，工讀生也能製作出五星級的料理，大幅降低人事成本。
3. 專業店鋪規劃及設計團隊，讓你花最少的錢，即可裝潢出高級的質感。
4. 完整物流配送，品質有保證。
5. 商圈保障，讓您安心做生意。
6. 提供完整商圈調查及地點評估。

麥味登速食餐飲加盟連鎖

公司名稱	超秦企業股份有限公司
負責人	卓元裕
總店數	直營：1家
	加盟：1310家
加盟專線	0800-006-168
總部地址	新莊市中正路721巷3號3樓
主要商品	漢堡、三明治、飲料、蛋餅、玉米濃湯等早餐為主，炸雞、簡餐為輔。

加盟準備金　20萬元

加盟資格與條件

1. 具餐飲服務熱忱，開創自己事業雄心的人。
2. 擁有一間5坪以上之店面（自有或承租皆可）。
3. 自備20萬元左右資金。
4. 願接受總部開店前之教育訓練。
5. 地點經總部評估確認合適開店。

總部的支援

一、開店前
1. 詳細的地點評估及商圈調查
2. 專業的店鋪設計與動線規劃
3. 完整的經營技術傳授及教育訓練

二、開店後
1. 全省免運費物流配送服務
2. 免費後續技術諮詢服務
3. 年度大規模促銷活動企劃

梅亭蜜汁燒烤

公司名稱	新梅亭有限公司
負責人	羅清文
總店數	直營：1家
	加盟：212家
加盟專線	03-4013212
總部地址	桃園縣平鎮市中豐路63-1號
主要商品	雞小腿、雙節翅、甜不辣、米腸、米血、雞塊、香腸、香菇、鱈魚丸、雞脖子、雞屁股、芋頭糕……等。

★新產品陸續研發中！

加盟準備金　15萬元

加盟資格與條件

請洽公司服務人員

總部的支援

勘察場地、市場調查、技術指導、促銷輔導、機器維修、永續服務！

阿舍烏龍茶

公司名稱	人吉茶店
負責人	鍾樹旗
總店數	直營：8家
	加盟：22家
加盟專線	04-27026854：04-26529096
總部地址	台中縣龍井鄉新興路東興巷13號
主要商品	紅綠茶系列、果味茶系列、風味茶系列、烏龍茶系列、普菊花茶、花果蜜茶系列、健康果醋、燒仙草、焦糖系列、達利

系列、北海道奶茶系列、桂花、薰衣草系列、紫羅蘭花茶系列、瘦身養顏系列。全部商品皆可添加珍珠、椰果、蒟蒻、布丁。

加盟準備金 15萬元

加盟資格與條件

1. 年滿25歲以上，信債良好，男女皆可。
2. 經營理念相同，以平價搶攻市場，開創先機。
3. 具企圖心，以量制價穩健踏實之經營。

總部的支援

1. 台灣最具競爭之茶品品牌。
2. 原物料最經濟完善之配送。
3. 降低最優原物料之成本，相對提高競爭力。
4. 完全整合行銷，宣傳促銷活動一貫化。
5. 專業人才提供完全技術轉移。
6. 內部控制，與市場開拓之經營教育。
7. 專員巡迴督輔各加盟店，提供最新市場情況。
8. 店面規劃，裝潢，一貫整體設計。
9. 保障競爭力之品牌，減少創業風險。
10. 提供輔導創業貸款，有效投資利益。
11. 研發最新產品，符合消費者需求。
12. 專業律師、保險顧問提供相關諮詢。

奇蹟讚

公司名稱 弘爺食品股份有限公司

負責人 許倉賓

總店數 60家

加盟專線 0800-068-118

總部地址
台北縣三重市光復路二段42巷39號二樓

主要商品 雞排餐車：六味雞排（黑胡椒、咖哩、麻辣、哇沙米、蒜香、甘梅）

加盟準備金 10萬

加盟資格與條件

1. 具備2人
2. 店面或攤位2坪以上

總部的支援

開店前：

1. 立地商圈評估，開店不擔心
2. 原料雞肉產品採用符合CAS優良肉品，品質不擔心。
3. 完整的職前教育訓練2天，操作熟練，技術不擔心。
4. 餐車設備生財器具設計規劃組裝，工具不擔心。

開店後：

1. 全省自有物流系統配送服務。
2. 專職輔導人員技術諮詢服務。
3. 總部聯合廣告媒體宣傳，提升品牌知名度。

啵啵好吃系列

公司名稱 天綠有限公司

負責人 曾瑞林

總店數 直營：4家

加盟：80家

加盟專線 02-8921-3239、8921-6710

總部地址
台北縣永和市永和路一段158號6樓之3

主要商品 啵啵玉米、啵啵水果汁、雞尾酒吧、法國鬆餅、啵啵腸粉、玉米果凍、伊朗咖啡、印度拉茶、魚板蕉、玉米冰棒、榴蓮

冰棒、波羅蜜冰棒。

加盟準備金　5萬元

加盟資格與條件

1.對啵啵好吃系列產品有興趣者

2.對經營加盟事業有興趣者

3.對賺錢有興趣者

總部的支援

1.統一廣告行銷

2.提供技術指導與諮詢

3.提供專業的後勤物流配送

4.提供新產品的研發與製作

5.提供最新市場資訊

6.旗幟、制服提供

加盟準備金20萬元～50萬元

早安！美芝城

公司名稱　美芝城實業股份有限公司

負責人　　李松田

總店數　　直營：17家

　　　　　加盟：2,000家

加盟專線　0800-076077

總部地址　台南市安平工業區新平路7-1號

主要商品　中，西式早餐

加盟準備金　21萬元

加盟資格與條件

1.擁有一顆熱忱的心。

2.自備五萬（加盟只需負擔設備金）。

3.具備2～3位人員（可聘雇）。

4.備有店面，可由總部免費代尋。

總部的支援

1.符合國家級CAS.GMP食品工廠設備，

供應原物料，確保食品安全衛生。

2.免費代尋店面及規劃、商圈評估。

3.提供完整的教育訓練，免費技術傳授，
快速進入行家中的行家。

4.開幕時免費到場指導及活動規劃，免費
贈送開贈品及店面裝飾。

5.充滿熱忱的經營團隊提供媒體廣告宣傳
等後勤支援，使您生意興隆。

瑞麟美而美、瑞麟美又美

公司名稱　美而美食品實業有限公司

負責人　　胡慧華

總店數　　直營：2家

　　　　　加盟：2800家

加盟專線　0800-088-079

網址　　　www.mam.com.tw

總部地址

台北縣三重市頂崁工業區中興北街175巷18號

主要商品　中西式漢堡、米堡、三明治、沙
拉、咖啡、奶茶、蛋餅、蘿蔔糕……等早餐
原物料製造、供應。

加盟準備金　21萬元

加盟資格與條件

只要二坪以上的場地，即可輕鬆創業。

總部的支援

一、經營方案：（由創業者自行選擇）

1.統一專案：由公司統一規劃，設計招
牌、吧檯、生財器具，使用專用註冊
商標及（CIS）企業識別，公司負責技
術之傳授及輔導開店之實務訓練。

2.個別專案：由公司設計基本招牌及輔
導、技術轉移。

3.貸款專案：自備5萬輕鬆創業。

二、經營步驟：
    1.具備店面2坪以上（騎樓、車庫、庭院等亦可利用）。
    2.資金10萬元以上（自有或貸款）。
    3.公司專員親赴現場為業者免費講解、規劃、設計及估價
    4.提供業者詳細資訊，由業者決定後與公司簽訂經營合約。
    5.業者派員至公司接受為期2～5天技術傳授與輔導訓練。
    6.業者自簽約日起至開幕期間為5～10天。

三、最新的速食設備及經營輔導、技術傳授連鎖體系完整KNOW HOW，讓加盟店避開草創的風險，提供整套店面設計規劃，讓加盟店短時間內可以營運。

四、開店地點選擇、商圈評估分析及輔助創業貸款。

五、開幕時提供精美實用贈品透過促銷活動以吸引客戶群之注意，又在各種媒體有不間斷之廣告，凝聚廣大消費大眾對本連鎖體系產生認同。

萬家鄉早餐速食連鎖

公司名稱	肯發有實業有限公司
負責人	賴秀玲
總店數	直營：3家
	加盟：563家
加盟專線	0800-025998
總部地址	板橋市三民路二段居仁巷16號
主要商品	

    1.西式早餐類：漢堡系列、三明治系列、土司、披薩、鬆餅、袋餅、貝果、可頌、咖啡、柳橙汁、紅（奶）茶、檸檬汁、百香果汁、葡萄汁、蕃茄汁、玉米濃湯……等。

    2.中式早餐類：肉包、湯包、湯（煎）餃、鍋貼、蔥肉餅、港式蘿蔔糕、蛋餅、豆漿、米漿、養生粥、綠豆沙牛奶、健康飲品系列……等。

加盟準備金　22萬元

加盟資格與條件
    1.年滿20歲以上觀念良好者。
    2.對早餐業有興趣之青年男女。
    3.有自信心及強烈企圖心。
    4.店面須經公司評估認可。
    5.能接受並完成職前訓練及甄試通過。

總部的支援

開店前：
    1.免費代尋店面
    2.商圈及立地評估
    3.店鋪整體規劃與設計
    4.完整的技術傳授及營運教育訓練
    5.開幕活動支援及專人現場指導

開店後：
    1.店務及營運持續專業輔導
    2.行銷活動及文宣廣告企劃
    3.品牌形象推廣
    4.全省物流配送服務
    5.新產品研發與供應

 ## 蕃茄吧

公司名稱	蕃茄吧國際(股)公司
負責人	洪菁菁
總店數	直營：1家

加盟：10家

加盟專線　02-25787916

總部地址　台北市八德路三段12巷11號1F

主要商品　餐點：蕃茄雞汁、蕃茄南瓜、蕃茄肉醬、蕃茄起士、蕃茄牛腩、蕃茄焢肉、蕃茄三杯雞、蕃茄咖哩雞、蕃茄捲餅等。

飲料：蕃茄蘇打汁、蕃茄酸梅汁、桂花蕃茄甜湯等。

加盟準備金　50萬元

加盟資格與條件

　　1.有創業意願及特質。

　　2.願意虛心學習。

　　3.願意成為商圈第一名心態。

　　4.準備新台幣50萬元以上的資金。

　　5.至少投入３年的決心。

總部的支援

　　1.中央廚房供應：成品之料理包、醬料等調味包，加盟店只需加熱即可。

　　2.經營輔導，成功經驗交流。

　　3.教育訓練：店主／助理類課程，如產品製作、行銷、領導、稅務、電腦、市場……。

　　4.研究發展：每季提供2～3項新產品，冬、夏季產品30%更新。

　　5.大量採購：文具、印刷、設計、餐飲、生鮮食品。

　　6.品牌形象：聯合DM、聯合促銷……。

加盟準備金50萬元～100萬元

 ## 瑪利快客

公司名稱　瑪利快客企業有限公司

負責人　王麗君

總店數　直營：2家

　　　　加盟：4家

加盟專線　02-2222-1119

總部地址　中和市中和路404-1號2F

主要商品　比薩、炸雞、焗烤飯、義大利麵、咖啡＆茶飲……等，複合式漢堡速食餐飲。

加盟準備金　70萬元

加盟資格與條件

　　1.對經營複合式餐飲有志者。

　　2.自備店面10～60坪。

　　3.開店準備金70-98萬。

總部的支援

　　1.品牌註冊商標。

　　2.商圈評估分析。

　　3.店面設計規劃。

　　4.經營技術傳授。

　　5.輔助創業貸款。

　　6.員工教育訓練。

　　7.降低採購成本。

　　8.快速物流系統。

　　9.統一企業識別。

　　10.整合廣宣活動。

茶窯複合式餐飲

公司名稱　台灣茶窯國際企業有限公司

負責人　陳治達

總店數　直營：12家

　　　　加盟：195家

（只開放給台北縣、台北市、桃園縣市、中壢市、新竹縣、雲林縣、台南市、台南縣、嘉

義等地加盟。）

加盟專線　04-23508482 分機300

行動專線　0955-920-486

總部地址　台中市工業區23路6號

　　　　　〈台中工業區〉

主要商品

一、冷、熱飲系列：紅綠茶、烤茶、煎茶、純喫茶、果味茶、酵茶、冰沙、複方花草茶、洋香奶茶、鳥語咖啡、纖果茶、健康醋飲、肉質果粒、動感Q凍、養顏美容、傳統豆花、燒仙草、奶凍、薑茶、黑糖、鮮榨果汁……等。

二、風味熱食系列：鹽酥雞、香酥雞排、麻辣雞排、八塊雞、麥克雞塊、加味薯條、駭客脆雞、碳烤雞排、窯烤串串燒及各式茶食、點心。（依商圈特性考量作彈性搭配）

三、經營型態：外帶、外送專賣、內座式複合式餐飲。

加盟準備金　90萬元

加盟資格與條件

　1.年滿26歲以上，信債良好。男女均可，夫妻更佳。

　2.自願加盟→自備加盟準備金，自租或自有店面，5～30坪經評定符合加盟創業理念相同者。

　3.委託經營→自備創業保證金，餐飲經營經營?夫妻合力經營或專人受訓合格者，簽訂委託合約。

　4.地區授權代理→簽訂地區代理合約。提供地區發展規劃書評定審查合格者。

總部的支援

　1.中部複合式餐飲第一品牌。

　2.每週原物料物流供應。

　3.進貨獎勵制度，降低進貨成本。

　4.通路整合行銷企劃廣告、宣傳、促銷活動。

　5.調理教室專任老師指導技術。

　6.參與店面經營管理教育訓練。

　7.駐區專業督導巡迴管理，提供市場商圈情報。

　8.研發部門研發新品符合消費市場變動。

　9.嚴格品質管理物料品質。

　10.統一產品責任險保障消費權益。

　11.可擁有自創事業基礎，降低創業風險

　12.分享通路利益，授權國際品牌地區加盟代理制度。

花蓮一品香 扁食鍋貼總匯

公司名稱　一品香扁食

負責人　　林先生

總店數　　直營：1家

　　　　　加盟：20家

加盟專線　0800-220028洽蕭小姐

客服專線　02-2234-3078

總部地址　台北縣新店市寶中路94-3號

主要商品　中式餐飲

加盟準備金　100萬元

加盟資格與條件

　1.年齡55歲以下，學歷不拘。

　2.投資、專職經營皆可，身體健康，信用良好，單身可。

　3.店鋪自有或取得租期至少2年以上。

　4.營業面積8～30坪。

　5.該點需經一品香總部商圈評估合格。

總部的支援

一、教育訓練

　　加盟主訓練這個課程，包括一對一的專

業輔導人員，解說一品香從開店到客服及營收處理，總部提供之原物料之加工及保鮮技術轉移等，以及到一品香直營門市實際操作整體作業流程（21天～30天）。整個教育訓練，從基礎的報表認識到分析一份完整的門市營運資料。開店營運之後，總部不定期安排輔導專員到店輔導及專業特別訓練。

二、營運支援系統

加盟主與一品香總部間的營運支援管道暢通！您的總部分區專員會不斷的關心您營運現況，從旁協助您解決門市營運的一些問題及廚房加工任何瑣事。門市的營運包括來客接待，外送服務，原物料配送保存，一品香的行銷企劃及SP活動總部都會盡全力來支援個門市作業。

三、加盟主員工薪資制度建議

一品香將會提供加盟主在開店營業運作時，所聘請員工所具備的條件及薪資架構。因地制宜、因人而異，充分發揮員工潛能與長才，讓加盟主能夠輕輕鬆鬆的成為一品香的專業負責人。

四、門市管理作業轉移及相關技術轉移

一品香提供門市標準作業，讓加盟主在開店營運實際操作上能得心應手，總部更會因應消費者的需求提供最有效的應變措施，尤其開幕促銷總部將全力支援。有關新產品研發及技術移轉，確實做到口味與一品香直營店同步，讓加盟主能購專心於門市經營。

五、廣告企劃

一般的廣告促銷活動總部已著手規劃，目前網上的104人力銀行網站以及台灣加盟促進協會網站、易富誌雜誌、月刊、加盟事業書籍等，全國性廣告已相繼推出，目前即將投入的廣告項目有車箱廣告及全國性雜誌廣告。

六、區域會議召開

一品香在全省不同的區域都會定期召開研討會議(目前暫行北區)，總部會向加盟主報告，有關目前政策面與執行面的議題外，加盟主也可以提出其經營的心得和意見，這些建議總部都會列入制度檢討與研發的重點。

【加盟篇】

作者	萬麗慧
攝影	邱明煌
發行人	林敬彬
總編輯	蕭順涵
編輯	蔡佳淇
美術編輯	周莉萍
封面設計	周莉萍
出版	大都會文化 行政院新聞局北市業字第89號
發行	大都會文化事業有限公司
	110台北市基隆路一段432號4樓之9
	讀者服務專線：（02）27235216
	讀者服務傳真：（02）27235220
	電子郵件信箱：metro@ms21.hinet.net
郵政劃撥	14050529 大都會文化事業有限公司
出版日期	2003年6月初版第一刷
定價	280 元
ISBN	957-7651-00-6
書號	Money-009

Metropolitan Culture Enterprise Co., Ltd.
4F-9, Double Hero Bldg., 432,Keelung Rd., Sec. 1,
TAIPEI 110, TAIWAN
Tel:+886-2-2723-5216　　Fax:+886-2-2723-5220
e-mail:metro@ms21.hinet.net

Printed in Taiwan

大都會文化　大都會文化 METROPOLITAN CULTURE

國家圖書館出版品預行編目資料

路邊攤賺大錢9 加盟篇/萬麗慧著
——初版——
臺北市：大都會文化，
2003〔民92〕
面；公分.—（度小月系列；9）
ISBN 957-7651-00-6（平裝）
1.飲食業 2.創業
483.8　　　　　　　　　　92007788

北 區 郵 政 管 理 局
登記證北台字第9125號
免　貼　郵　票

大都會文化事業有限公司
讀者服務部收

110 台北市基隆路一段432號4樓之9

寄回這張服務卡(免貼郵票)

您可以：

◎不定期收到最新出版訊息

◎參加各項回饋優惠活動

大都會文化 讀者服務卡

書號：Money-009 **路邊攤賺大錢【加盟篇】**

謝謝您選擇了這本書！期待您的支持與建議，讓我們能有更多聯繫與互動的機會。日後您將可不定期收到本公司的新書資訊及特惠活動訊息。

A. 您在何時購得本書：_____年_____月_____日

B. 您在何處購得本書：_____書店(賣場)，位於_____(市、縣)

C. 您從哪裡得知本書的消息：1.□書店 2.□報章雜誌 3.□電台活動 4.□網路資訊5.□書籤宣傳品等 6.□親友介紹 7.□書評 8.□其他_____

D. 您購買本書的動機：（可複選）1.□對主題或內容感興趣 2.□工作需要 3.□生活需要 4.□自我進修 5.□內容為流行熱門話題 6.□其他_____

E. 為針對本書主要讀者群做進一步調查，請問您是：1.□路邊攤經營者 2.□未來可能會經營路邊攤 3.□未來經營路邊攤的機會並不高，只是對本書的內容、題材感興趣 4.□其他_____

F. 您認為本書的部分內容具有食譜的功用嗎？1.□有 2.□普通 3.□沒有

G 您最喜歡本書的：（可複選）1.□內容題材 2.□字體大小 3.□翻譯文筆 4.□封面 5.□編排方式 6.□其他_____

H. 您認為本書的封面：1.□非常出色 2.□普通 3.□毫不起眼 4.□其他_____

I. 您認為本書的編排：1.□非常出色 2.□普通 3.□毫不起眼 4.□其他_____

J. 您通常以哪些方式購書:(可複選)1.□逛書店 2.□書展 3.□劃撥郵購 4.□團體訂購 5.□網路購書 6.□其他_____

K. 您希望我們出版哪類書籍：（可複選）1.□旅遊 2.□流行文化3.□生活休閒 4.□美容保養 5.□散文小品 6.□科學新知 7.□藝術音樂 8.□致富理財 9.□工商企管10.□科幻推理 11.□史哲類 12.□勵志傳記 13.□電影小說 14.□語言學習（____語）15.□幽默諧趣 16.□其他_____

L. 您對本書(系)的建議：_____
_____

M. 您對本出版社的建議：_____
_____

讀者小檔案

姓名：_____ 性別：□男 □女 生日：_____年_____月_____日

年齡：□20歲以下□21～30歲□31～50歲□51歲以上

職業：1.□學生 2.□軍公教 3.□大眾傳播 4.□服務業 5.□金融業 6.□製造業 7.□資訊業 8.□自由業 9.□家管 10.□退休 11.□其他_____

學歷：□國小或以下 □國中 □高中／高職 □大學／大專 □研究所以上

通訊地址：_____

電話：（H）_____ （O）_____ 傳真：_____

行動電話：_____ **E-Mail**：_____

大都會文化事業圖書目錄

直接向本公司訂購任一書籍，一律八折優待（特價品不再打折）

度小月系列

路邊攤賺大錢【搶錢篇】	定價280元
路邊攤賺大錢2【奇蹟篇】	定價280元
路邊攤賺大錢3【致富篇】	定價280元
路邊攤賺大錢4【飾品配件篇】	定價280元
路邊攤賺大錢5【清涼美食篇】	定價280元
路邊攤賺大錢6【異國美食篇】	定價280元
路邊攤賺大錢7【元氣早餐篇】	定價280元
路邊攤賺大錢8【養生進補篇】	定價280元
路邊攤賺大錢9【加盟篇】	定價280元

流行瘋系列

跟著偶像FUN韓假	定價260元
女人百分百 男人心中的最愛	定價180元
哈利波特魔法學院	定價160元
韓式愛美大作戰	定價240元
下一個偶像就是你	定價180元
芙蓉美人泡澡術	定價220元

DIY系列

路邊攤美食DIY	定價220元
嚴選台灣小吃DIY	定價220元
路邊攤超人氣小吃DIY	定價220元

人物誌系列

皇室的傲慢與偏見	定價360元
現代灰姑娘	定價199元
黛安娜傳	定價360元
最後的一場約會	定價360元
殞逝的英格蘭玫瑰	定價260元
優雅與狂野─威廉王子	定價260元
走出城堡的王子	定價160元
船上的365天	定價360元
漫談金庸──刀光·劍影·俠客夢	定價260元
貝克漢與維多利亞	定價280元
瑪丹娜──流行天后的真實畫像	定價280元
紅塵歲月──三毛的生命戀歌	定價250元

City Mall系列

別懷疑，我就是馬克大夫	定價200元
就是要賴在演藝圈	定價180元
愛情詭話	定價170元
唉呀！真尷尬	定價200元

精緻生活系列

另類費洛蒙	定價180元
女人窺心事	定價120元
花落	定價180元

發現大師系列

印象花園─梵谷	定價160元
印象花園─莫內	定價160元
印象花園─高更	定價160元
印象花園─竇加	定價160元
印象花園─雷諾瓦	定價160元
印象花園─大衛	定價160元
印象花園─畢卡索	定價160元
印象花園─達文西	定價160元
印象花園─米開朗基羅	定價160元
印象花園─拉斐爾	定價160元
印象花園─林布蘭特	定價160元
印象花園─米勒	定價160元
印象花園套書（12本）	定價1920元
	（特價**1,499**元）

Holiday系列

絮語說相思 情有獨鐘	定價200元

工商管理系列

二十一世紀新工作浪潮	定價200元
美術工作者設計生涯轉轉彎	定價200元
攝影工作者設計生涯轉轉彎	定價200元
企劃工作者設計生涯轉轉彎	定價220元
電腦工作者設計生涯轉轉彎	定價200元
打開視窗說亮話	定價200元
七大狂銷策略	定價220元
挑戰極限	定價320元
30分鐘教你提昇溝通技巧	定價110元
30分鐘教你自我腦內革命	定價110元
30分鐘教你樹立優質形象	定價110元

30分鐘教你錢多事少離家近	定價110元	兒童完全自救手冊──爸爸媽媽不在家時
30分鐘教你創造自我價值	定價110元	定價199元
30分鐘教你Smart解決難題	定價110元	兒童完全自救手冊──上學和放學途中
30分鐘教你如何激勵部屬	定價110元	定價199元
30分鐘教你掌握優勢談判	定價110元	兒童完全自救手冊──獨自出門　定價199元
30分鐘教你如何快速致富	定價110元	兒童完全自救手冊──急救方法　定價199元
30分鐘系列行動管理百科	定價990元	兒童完全自救手冊──
（全套九本，特價**799**元，加贈精裝行動管理手札一本）		急救方法與危機處理備忘錄　定價199元
化危機為轉機	定價200元	

親子教養系列

兒童完全自救寶盒

（五書+五卡+四卷錄影帶）　定價3,490元

（特價**2,490**元）

語言工具系列

NEC新觀念美語教室　定價12,450元

（共8本書48卷卡帶特價 定價**9,960**元）

您可以採用下列簡便的訂購方式：

● 請向全國鄰近之各大書局選購　　　　　● 劃撥訂購：請直接至郵局劃撥付款。

帳號：14050529

戶名：大都會文化事業有限公司（請於劃撥單背面通訊欄註明欲購書名及數量）

● 信用卡訂購：請填妥下面個人資料與訂購單。（放大後傳真至本公司）

讀者服務熱線：（02）27235216（代表號）　　讀者傳真熱線：（02）27235220（**24**小時開放請多加利用）

團體訂購，另有優惠！

信用卡專用訂購單

我要購買以下書籍：

書名	單價	數量	合計

總共：＿＿＿＿＿＿本書＿＿＿＿＿＿＿＿＿元（訂購金額未滿500元以上，請加掛號費50元）

信用卡號：＿＿＿＿＿＿＿＿＿＿＿＿＿＿＿＿＿＿＿＿＿＿＿＿＿＿＿＿＿＿＿＿

信用卡有效期限：西元＿＿＿＿＿＿年＿＿＿＿＿＿月

信用卡持有人簽名：＿＿＿＿＿＿＿＿＿＿＿＿＿（簽名請與信用卡上同）

信用卡別：□VISA □Master □AE □JCB □聯合信用卡

姓名：＿＿＿＿＿＿＿＿　性別：＿＿＿　出生年月日：＿＿＿年＿＿月＿＿日　職業：＿＿＿

電話：（H）＿＿＿＿＿＿＿＿（O）＿＿＿＿＿＿＿＿　傳真：＿＿＿＿＿＿＿＿

寄書地址：□□□＿＿＿＿＿＿＿＿＿＿＿＿＿＿＿＿＿＿＿＿＿＿＿＿＿＿＿

e-mail：＿＿＿＿＿＿＿＿＿＿＿＿＿＿＿＿＿＿＿＿＿＿＿＿＿＿＿＿＿＿

度小月系列